Spiritual Culture
青心文化

在阅读中疗愈·在疗愈中成长

READING & HEALING & GROWING

快乐原来如此简单

扫码关注，回复书名，聆听专业音频讲解，适合家长和孩子一起共读的快乐秘籍！

快乐城市

Maluhia, The Happy City

【美】玛贝尔·卡茨（Mabel katz）一著

吴依娜一译

中国青年出版社

这本书中的故事是虚构的。故事中发生的人物、名字、地点和事件，都是作者的想象。

鼓舞孩子们（及成年人）创造出一个幸福的世界

居住在植被茂盛的热带小岛马鲁西亚上的人们掌握了幸福、健康、祥和地生活的秘密，成千上万的游客为此蜂拥而至，前往探索岛上居民的生活方式，他们也想要那样的生活。幸运的是，岛上的地陪导游非常愿意分享，这些导游都是生活在岛上的孩子们。

这些游客在岛上的经历将带领着读者穿越岛上的大街小巷，渗透到岛上的每一角落。他们并不是靠说，而是身体力行地演绎了荷欧波诺波诺这一古老的夏威夷生活哲学如何神奇地改变了每一个人的生活，从而改变了整个星球。自我接纳、感恩、原谅，是贯穿全文的基石，奠定了荷欧波诺波诺的践行基础。

这些故事是基于导师伊贺列卡拉·修·蓝博士和享誉国际的演讲家、论坛领袖、和平大使玛贝尔·卡茨身体力行的践行和分享，毫无说教之嫌，书中的活动则由玛贝尔的学生们分享。他们所有的分享都完全基于事实，如一道耀眼的光芒，唤醒了读者的觉知，无论老少。他们创造了一个愿景，演绎了这个世界完全可以成为一个更加幸福和平的世界，他们传递了一个理念，那就是支持孩子们的正念和信仰的重要性，并允许孩子们成为他们自己，从而为我们所有人创造出一个更美好的世界。

作者玛贝尔·卡茨精选了这些故事，家长们可以欢乐地读给他们的孩子听，也给各个年龄段的孩子们带来快乐。通过这26个故事，她悄悄在每个人心中种下了改变世界的种子。

献　词

　　谨将此书献给所有正在寻求幸福祥和生活的秘密的人们，无论是少年还是成年人。

目　录

简　介

　　有这么一个城市，所有生活在这个城市的人都非常幸福，成千上万的游客蜂拥而至，来到这个独特的城市，试图寻找获得幸福的密码。这个城市被称为马鲁西亚，坐落在一个被美丽的山峦和茂盛的植物环绕的峡谷，峡谷通往大海。马鲁西亚的人们知道，幸福其实是每个人的选择，践行夏威夷古老的荷欧波诺波诺是一条通往幸福的道路。

　　在接下来的章节中，你将通过那些鼓舞大人和孩子们的故事发现马鲁西亚和居住在这儿的人们的魔力。大部分的故事来源于我的老师伊贺列卡拉·修·蓝博士和我的学生告诉我的真人真事，一些来自我在全球各地举办的讲座，还有一些则是我本人的亲身经历。

　　有些读者可能会质疑这些动人的故事的真实性，这个我完全理解。在我觉醒之前，我根本不相信任何我不能看见、不能摸到的东西。跟随伊贺列卡拉·修·蓝的12年间，他教导我打开意识、打破固有思维方式变得更谦逊，12年后我终于意识到我并不如自己认为的那样博学。

生活是一个探索的过程，我们所有人都在寻求同一样东西——幸福、祥和与自由。当我们决定要幸福并自我平静时，我们就能创化出幸福的孩子、幸福的家庭和幸福的社区团体。幸福的孩子们即能创造出带来幸福的生意和经济。毋庸置疑，这是改变世界、创建全人类真正丰盛的唯一途径。

马鲁西亚城市就是一个完美的例子，我们可以在这个星球上通过简单地选择快乐、自信和爱而创造出巨大的不同之处。通过全然接纳自我，也接受他人本来的样子，通过意识到我们每个人都是独一无二的、都拥有与生俱来的才能，每个人都带着自己一生中需要完成的重要使命。我们必须停止向外寻求，停止与他人比较，我们可以选择充实的生活。

伟大的阿尔伯特·史威哲曾经说过，成功并不是获得幸福的钥匙，而幸福才是获得成功的钥匙。如果你热爱自己正在从事的事业，你就会成功。

我们需要去做我们热爱的事，这点非常重要，这会给我们的孩子们树立榜样。孩子们并不总是听我们说什么，但是他们一直在观察我们的一言一行。

我认为，在这个世界上获得幸福与祥和的秘诀就是：我们每一个人都知道我们是谁和我们为何而来。我们必须相信自己并挖掘出自己的内在力量，从而改变我们的生活。

正如拉尔夫·沃尔多·爱默生所言：自信是成功的首要秘诀。

在追随幸福的道路上，我们从来都不是孤独的，整个宇宙都在帮助我们，而这个宇宙是我们目前并不认知，也无法触摸无法看见的。我们必须记住，我们所寻找的东西来自这个未知的宇宙，现在是时候记得我们是谁和我们在这个宇宙中所扮演的角色了。

现在是自我觉醒的好时机。让我们停止伤害自己，一起练习感恩与原谅。让我们感恩我们所拥有的，而不是关注我们认为我们需要拥有的，让我们勇敢地对自己的生命负起百分百的责任，让我们领悟到原谅自己和他人是一条打开幸福和丰盛之门的光明大道。我们需要学习倾听自己内在的声音，摒弃那些阻止我们实现梦想的想法和评判。选择幸福远比总是努力要成为对的更重要。

第一章

你创造了自己的故事

"请跟随我一起开始吧。内在的平静即是世界的平静。"这是我的世界和平运动。实际上我坚信，我们一定能实现。

　　春天来了，处处充满光彩，马鲁西亚的街道上挤满了游客。盛开的花朵创造了彩虹般的色彩，把人行道染成了蓝色、紫色、红色和黄色。

　　路上到处都是树，散发着怡人的芳香，欢快的鸟鸣为耳朵带来了一场音乐盛宴。

　　这个季节真是让人身心愉悦。

　　马鲁西亚是一个美丽的地方，群山环抱，可以通往大海。马鲁西亚的人们知道，明媚的春天的周末会吸引来许多的游客。11 岁的尤尼希皮里为此做好了准备。每个星期六一大早，他就把所有年轻的导游召集到中央广场。尤尼希皮里对这些年轻的孩子们负有重大责任。他负责训练马鲁西亚的孩子们如何欢迎来他们镇上寻找完全幸福快乐的秘密的游客们。那个星期六早上，十几个男孩聚集在一起听尤尼希皮里的最后指令。他已经和欧玛库阿讨论过指示，欧玛库阿是整个地区所有老师中最智慧的老师。

　　尤尼希皮里满怀热情地对他的年轻导游队伍说："我们的

任务是与游客分享马鲁西亚美景的同时享受乐趣。这时你可以给他们地图，以及我们故事的摘要。你们都知道自己的职位和路线。记住，这是一个很好的机会，今天发生的一切都不是巧合。在这些有趣和分享的时间里，对自己重复关键词'谢谢你，我爱你'。现在，在我们出发之前，让我们一起享受农民们为我们带来的美味水果吧。谢谢大家！"

他们友好地欢笑着跑向美味的水果和果汁。路过的邻居微笑着从远处向他们挥手致意。他们一吃完美味的筵席，就四散到城里各处，去迎接访客了。

尤尼希皮里留在中心广场，因为那是他的岗位，他花了点时间赶走聚集的鸽群。

"自由飞翔吧，朋友们！"尤尼希皮里一边追着它们一边喊道。

这时，尤尼希皮里看到一对夫妇朝广场走来，于是他带着温暖的目光走上前去表示欢迎。

尤尼希皮里兴高采烈地说："早上好！感谢你们的光临！"

一个看起来 50 岁左右的女人回答说："你好，年轻人。我们被告知我们可以在这附近找到一个叫尤尼希皮里的人。你认识他吗？"

"是的，"他说，"我是尤尼希皮里。"

她好奇的同伴问道："你是马鲁西亚唯一的尤尼希皮里吗？"

尤尼希皮里在心里不停地重复着"谢谢你，我爱你"，并回答说："我就是你要找的尤尼希皮里。告诉我，我能帮你什么忙吗？"

这对夫妇惊讶地交换了一下眼神，然后表示有兴趣见见这个地区的智者。

他们说："我们听说只有尤尼希皮里能带我们去见他。"

尤尼希皮里回答说："跟我来，我们看看欧玛库阿有什么话要说。但是我不敢保证此时是不是恰当的时间。"

这对男女焦急地跟着尤尼希皮里穿过狭窄的花丛街道，来到一座有着美丽花园的小房子前。从远处他们看见一位面容平静的老人坐在门廊上休息。男孩急忙朝他走去，在他耳边小声说了些什么。

欧玛库阿坐在椅子上，盯着这对夫妇看了几秒钟，好像他在往远处看他们。

他用手势示意让他们走近他，然后立刻开始缓慢而清晰地说起话来。两位游客惊讶地听着，欧玛库阿说："任何事情都不是偶然发生的。每件事都被完美地安排在该发生的时候。昨晚，你们去附近的一家豪华餐厅吃饭，你们俩点的是同一道鱼。"

那个女人满是疑惑地问："你怎么知道的？"

欧玛库阿回答说："我知道很多事情。但最重要的是你要明白，昨晚发生的一切都不是偶然发生的。那些鱼已经等了很久了，恭候你们到达餐厅，坐在那张桌子前然后点它们。没有一件事是偶然发生的。"

欧玛库阿停顿了好长时间。他继续看着那对夫妇，好像要看穿他们似的。

男游客惊讶地又问了一个问题："你的意思是生活中一切都注定了？"

欧玛库阿用柔和而真诚的声音回答说：

"生活是一场伟大的戏剧，我们是演员，每个人都扮演着自己的角色，我们每个人都在诠释自己的个性，我们都在写自己的故事。"

欧玛库阿的回答让他困惑不解。

他又追问道："但如果一切都注定了，我们又如何能写自己的故事呢？"

欧玛库阿回答说：

"因为我们每时每刻都有能力选择。所以如果你不喜欢你的故事，你可以改变它。放手，而不是做出反应，这样你就可以改变那些塑造你不喜欢的故事的记忆，然后删除它们。一旦你删除了它们，你会发现，你的灵感是如何神奇地流动的。在马鲁西亚，我们都学会了抹去记忆，运用我们的自由意志，这样我们就可以为自己的生活写下最好的故事，这就是马鲁西亚幸福的关键因素。"

这位年老的智者向后靠在椅子上，默默地向他们微笑告别。尤尼希皮里让这对夫妇跟着他。他们惊叹不已，在一个大大的告别拥抱后，悄悄地走开了。就从那一刻起，夫妻俩开始删除自己的负面记忆，活在那个时刻，用自由意志写下他们自己的精彩故事，很简单地重复着"谢谢你，我爱你"。

第二章

万物皆有生命

生命是一场盛大的戏剧，我们都是演员，每个人都在扮演自己的角色。

　　在进入马鲁西亚的入口处有一座小山，山上有一个巨大的迎宾标志，摆放精心，非常醒目。一名男子正在清理标牌，一群游客用摄像机拍下了现场。这是一个吸引人和令人愉快的标志，是专门为游客设计的，因此他们可能会被这个特殊的地方唤醒。鲜艳的文字写着：欢迎来到马鲁西亚。你在这里看到的一切都有生命。

　　在全城不同的标牌上都有这样一句话：你在这里看到的一切都有生命。马鲁西亚的原住民已经习惯于和那些好奇的人讨论它的意义，因此他们可能明白它不仅仅是一些吸引人的宣传语，实际上，它是纯粹的现实。

　　年轻的尤尼希皮里非常了解这一教导，因为他从母亲和睿智的老师欧玛库阿那里听到过很多次。这一天，尤尼希皮里正在广场中心踢球。然后他注意到两位老人坐在长凳上和一个年轻女子谈话。他停止了踢球，这样他就可以听到他们的话并观察他们。

　　"我绝对不相信石头或椅子会有生命。"一位老人坚持说。

"我从小就知道只有人、动物和植物才有生命。其余的都是没有生命的东西，"他的朋友回答说。

年轻的女人说："嗯，我不知道是不是真的，但是我很高兴能陪你到这个地方来，在这里呼吸的空气都是不一样的。"

慢慢地，尤尼希皮里走近他们，每走一步都把球弹起来。突然，他停了下来，声音大得足以让人听得很清楚，他开始对着球说话。

"你是个很棒的玩伴，我很高兴有你在我身边。谢谢你为我所做的一切，因为你善待我，在我需要的时候陪伴我。"尤尼希皮里对这个球说。

然后男孩转向三位游客，他们一直在饶有兴致地观看。

"让我给你们介绍一下我最喜欢的球——卡莱，我最爱的球，"尤尼希皮里笑着说，"卡莱喜欢认识新的人。"年轻的女人笑着问道："你能听到它说什么吗？"

"有时我听到，有时只感觉到，但有些日子我什么也得不到。不管怎样，我和它说话是因为我知道它能听到我的声音。"尤尼希皮里笑着回答，他继续看着他的球。

"那么孩子，向我证明看似无生命的东西也有生命。"其中一位老人质疑着尤尼希皮里。

尤尼希皮里很快回答说："这不是取决于我来向你证明。你应该感谢你身边的一切，比如你的手杖、你的车、你的眼镜，因为它们无条件地支持着你。你想过它们为你所做的一切吗？相信我，一切都有生命，即使你看不见也听不见。我是从欧玛库阿大师那里学到的。"

年轻的女人们现在非常好奇地问："欧玛库阿是谁？"

"一个拥有宇宙智慧的祖父。他是马鲁西亚里许多老师的老师。"尤尼希皮里回答说。

"那么他教什么呢？"另一个老人气冲冲地问道。

尤尼希皮里回答说："幸福生活的关键。这项技术被称为荷欧波诺波诺，它非常容易学习。我妈妈是欧玛库阿的一个弟子，我从小就被他们俩教过这项技术。哦，我妈妈来了，我给你们介绍一下。"

尤尼希皮里跑到他妈妈身边，拥抱了她，然后礼貌地介绍说："这是我的妈妈。"

"很高兴认识你们，我叫玛丽亚。谢谢你们来到马鲁西亚。"

带头的年轻女子对玛丽亚说："你儿子很聪明。他刚才说他在跟球说话，球也能听到他的声音。"

玛丽亚回答说："哦，是的，我们和周围的一切事物交谈，最重要的是，我们感谢他们。这是一种让生活变得更好的练习。"

老人继续坚持说："你能证明给我看吗？"

玛丽亚回答说："你可以自己通过每天练习来证明这一点。让我告诉你一个最近的经历。从我们决定卖掉房子搬到一个小地方的那一刻起，我就开始和房子谈话。我感谢它为我和我的家人所做的一切。我向房子保证，我会把自己和它分开，这样它就能吸引到完美的买家。我们开始感觉到欢乐的能量在房子里回荡。不到一个星期，那个完美的买家就来了。当你习惯于承认和尊重那些看似无生命的事物时，奇迹就开始发生了。上天和生命存在于万物之中。现在，尤尼希皮里和我必须走了，一顿美味的饭菜正焦急地等待着我们呢。很高兴见到你们，请继续享受生活。"

三位游客看着玛丽亚和尤尼希皮里手牵手离开。当他们反复想着"上天和生命存在于万物之中"这句话时，他们沉默了下来。一阵凉风轻轻拂过他们的脸，他们三人一起微笑了起来。

"你们在这里看到的一切都有生命。"

谢谢你出现在我的生活中。

第三章

相信自己的感知

上天和生命存在于万物之中。

　　黎明悄悄地爬到马鲁西亚湾，这是一片宁静的海岸，沿山的路在这里走到尽头。海鸥陪伴一些聚集在一起迎接太阳升起的当地人。当光线穿过黑暗时，海浪轻抚着海岸，生动地展现出它的色彩。

　　微风习习，天亮了，美好的一天又开始了。

　　每个星期天玛丽亚都是这样迎接着这一天的到来的。即使在日出之前，她也会坐在面向大海的沙滩上，通过感谢来迎接新的一天。

　　她通常会在早上的仪式结束后回家，带给儿子尤尼希皮里一个故事或者鼓舞人心的灵感。他着急地等她回来，当她一开门，他就赶紧地跑过去。

　　"早上好，亲爱的。谢谢你出现在我的生活中。"玛丽亚紧紧地拥抱着尤尼希皮里说。

　　尤尼希皮里回答说："妈妈，我爱您。今天您有什么要和我分享的？"

　　"这是我今早离家时从未想到的，"玛丽亚回答说，"欧玛库阿老师在海滩上。我远远地看见他坐在岩石上的身影。一开始我甚至不确定是他。我朝他走去，看得出他的眼睛是闭着的。当然，我走到了一个安全的距离，以免打乱他的思绪。我站了一会儿，看着他平静而祥和的脸庞，轻柔地呼吸着。"

尤尼希皮里问道："他睁开眼睛了吗？"

"不，那时候没有，"玛丽亚接着说，"所以我往后挪了一点，坐在沙滩上，就像我等待日出时一样。我闭上眼睛，感觉到温暖的阳光触碰到我的脸颊，因为它开始升起。当我回头看老师时，我注意到他在看着我。然后他立刻挥手让我过去。"

尤尼希皮里焦急地问道："请您告诉我他对您说了什么？"

玛丽亚笑着说："我们聊了一会儿。欧玛库阿很开朗，很健谈。他告诉我，大海把他和他的祖母连在一起，因为他小时候经常和祖母一起在那里散步和钓鱼。"

尤尼希皮里惊讶地问："他和祖母一起钓鱼？"

"是的，但不是你想的那样，"玛丽亚说，"正如你所知，他的祖母拥有着某些特定的被高度开发的天赋智慧，欧玛库阿的大部分智慧都来自她。欧玛库阿的祖母教他唤醒所有的感官，这样他就能看到和听到那些似乎看不见或听不见的东西。"

尤尼希皮里仍然不理解，问道："但您没有告诉我他是怎么和祖母一起钓鱼的？"

玛丽亚解释说："欧玛库阿回忆起童年时代，他用悦耳的声音告诉我，祖母带他去海边，她是如何坐在他身边，专注于大海的。然后，她会叫着鱼，那些鱼就会游到他们周围。但是她只会选择那天她需要烹饪的。在完成了她的选择后，剩下的鱼就回到了大海！你觉得这个怎么样？是不是很棒？"

尤尼希皮里惊讶地说："我多么想学学如何像她那样钓鱼啊！"

玛丽亚继续说："亲爱的儿子，千万不要对任何的可能性关闭你的心。也不要停止发展你天生拥有的天赋。"

这时，玛丽亚的年轻朋友玛莱卡跑进屋里，打断了他们的讨论。

她太兴奋了！

"玛丽亚，玛丽亚，我在欧玛库阿从海滩回来的时候碰到了他，"玛莱卡高兴地说，"我问他是否可以和他谈几秒钟，他同意了。听到他的话真是太好了。正是我所需要的。"

玛丽亚问道："你今天学到了什么，玛莱卡？"

玛莱卡抿着嘴轻声地笑着说："我没疯！"

尤尼希皮里走进厨房给自己拿了一碗麦片粥，一边继续听着。

玛莱卡开始变得非常严肃，低声地说："我告诉他我听到的声音。我说这对我来说是非常新鲜的事，我有些困惑。首先，他解释说：'不，你不是疯了，慢慢地你将学会识别那些声音。注意，敞开你的心扉，这样你就能释放你的恐惧。'"

"真的，玛莱卡，"玛丽亚确认道，"老师从他自己的经历中知道，当我们压抑自己的天赋，任凭他人的正常生活把我们带走时，我们就错过了美好的机会。"

玛丽亚向儿子挥手说："尤尼希皮里，走近点，这样你就能听到这句话了。"

男孩很快坐在母亲旁边。尤尼希皮里和玛莱卡聚精会神地继续听着。

玛丽亚开始讲述这个故事。"很久以前，欧玛库阿告诉我，小时候，小精灵会在他的婴儿床上拜访他，他和它们玩得很开心。他习惯于看到它们交谈。所以，当他开始上学的时候，他告诉其他孩子关于精灵的事，因为这对他来说是很自然的事情。但是老师打电话给他妈妈，告诉她在学校里不允许他谈论那些事情。他再也没有这样做过，因为他不想和其他孩子不同。他就这样开始压抑自己的天赋，然后精灵们就不再拜访他，很快它们就消失了。"

尤尼希皮里问道："那他是怎么把天赋找回来的？"

玛丽亚回答说："当他长大成人后，他学会了不再关注别人的想法。欧玛库阿告诉我一个非常特别的老师叫莫娜，她提醒他关于他自己的天赋和如何才能回归到零的状态。在零的状态时，他又变成了一个孩子，重新获得了孩子般的天赋，这使他能够听到和看到以前没有听到或看到的东西。像孩子一样纯净，这就是我们如何才能回到我们的零状态，在那里一切都是可能的。"

　　当她讲完后，三个人开始陷入充满灵感的温暖能量和魔法时刻之中。

　　永远不关闭任何的可能性，亲爱的儿子。

第四章

那些肉眼无法看到的东西

让天赋回归到零的状态。

整个马鲁西亚所有酒店的房间都满了。马鲁西亚睿智的祖父欧玛库阿发表演讲的消息像野火一样迅速蔓延开来，游客们成群结队地来到这里，试图参加这场盛大的集会。

在这个美丽的秋天的周末，这并不是唯一的庆祝活动。这也是庆祝冬天来临的日子，这是马鲁西亚的人民一直期待的活动。整个城市熙熙攘攘，每个人都在欣赏中央广场周围的庆祝活动。

那个星期六，马鲁西亚的孩子们一早醒来，期待着这场盛大的庆典。他们知道，他们会在街上找到美味的食物、活泼的音乐和有趣的游戏。随着黄昏的到来，道路两旁的树上灯光璀璨。这是一个孩子和大人都期待的奇观。

那天早上，尤尼希皮里很早在广场集合了他年轻的导游队伍。像往常一样，他提醒他们关于欧玛库阿的教导。

有着强大领导力的尤尼希皮里指挥着队伍，"永远说谢谢，这样你就可以修复旅客们的不好记忆，而且永远不要忘记，宇宙将带给他们应得的一切祝福。记得没有一个人是碰巧来到了这里。"

尽管每个孩子都知道重复"谢谢你"这句话的重要性，但欧玛库阿的提醒在那天有着特殊的意义。他们充满了鼓励和热情，走上街头与游客见面，并分享关于马鲁西亚的不寻常的故事，这是一个所有当地人都能完全快乐幸福的独特的城市。

几小时后，尤尼希皮里和他的母亲玛丽亚去接欧玛库阿，陪他到酒店的大会堂，在那里他将发表演讲。这位睿智的老师每年都会在这一天会见他最珍贵的学生。但他总是确保有额外的空间，以便其他人可以加入他们。额外的客人会被邀请进来，直到没有更多的座位，然后门就会被关闭。

欧玛库阿去旅馆的短途旅行没有被那些不认识他的人注意到。他的谦卑体现在他朴素的衣着和与他遇到的人交流的方式上。当他和玛丽亚和尤尼希皮里站在酒店大厅等电梯时，许多人急匆匆地跑过楼梯，急切地挤进队伍，队伍已经排到会场的门外。

欧玛库阿问："你们注意到游客们是怎么赶来的吗？""是的，欧玛库阿，他们很想认识您。"玛丽亚微笑着说。

然后，电梯门开了，其中一名游客拿着一台精密的照相机走了出来。欧玛库阿走到一边给他空间让他匆匆走过。欧玛库阿、玛丽亚和尤尼希皮里，进入电梯，门关上了。

欧玛库阿问玛丽亚和尤尼希皮里："你们注意到了吗？在世界上成百万的生命中，那个摄影师从电梯里出来，正好穿过我们的路？"

尤尼希皮里说:"真是个大巧合!"

欧玛库阿回答说:"不,尤尼希皮里,没有什么是巧合。宇宙把这个人放在电梯里让我们来清理;你知道,清理就是抹去我们共同的记忆。比如,说:'谢谢你,我为这个人的任何问题而感到抱歉。'人和事时不时地出现在我们的生活中。所以荷欧波诺波诺的清理也必须时不时地进行。"

电梯停了下来,门打开了,但欧玛库阿更愿意再次按下电梯按钮,再乘一趟,这样他就可以继续分享他的想法。

当时欧玛库阿说:"电梯很奇特。你们有没有注意到,那些不认识的人,被带到电梯里,会感到不舒服?他们不看对方的脸,他们看别的方向,但他们身上有能量。因此,在电梯里,很多灵魂聚集在一起。如果我们能看到它们,我们要持续不停地清理和抹去记忆。在这种情况下,重复'谢谢你,我爱你'是最完美的回应。"

玛丽亚也确认道:"欧玛库阿,我大胆地说我相信,这种情况也可能发生在其他地方。"

欧玛库阿确定地回答说:"当然!你可以清理你看到的东西或者清理你的问题,但是如果你能看到肉眼看不见的东西,你就要一直清理。"

电梯又停了下来,这次他们出来向会场走去。欧玛库阿的追随者们充满着爱和敬意迎接老师,而玛丽亚和尤尼希皮里则走向座位。活动马上就要开始了。

"亲爱的，记住欧玛库阿刚才和我们分享的东西是非常重要的，"玛丽亚低声对她儿子说。

尤尼希皮里笑着回答说："是的，妈妈。我已经在清理了。"

玛丽亚拥抱着尤尼希皮里说，"谢谢你出现在我的生活中。我爱你，儿子。"

外面，欢乐和幸福弥漫在马鲁西亚的街道。美味的食物和手工制作的工艺品、当地的特产正被提供给游客和当地人。中央广场有一块大牌子欢迎所有参加庆典的人们，上面写着来自欧玛库阿的话："如果你知道当你说'谢谢你'时会发生什么，你就不会停止说下去。"

冬天就要到了，所有的人都能感受到马鲁西亚的魔力。

"如果你知道当你说'谢谢你'时会发生什么，你就不会停止说下去。"

第五章

信任将为你开启一扇门

你在这里看到的一切都有生命。

巨大的户外市场充满了明亮的色彩和令人愉快的新鲜水果和蔬菜的香味。这是马鲁西亚最大的农贸市场，也是玛丽亚经常买东西的地方。

玛丽亚提着一包蔬菜，来到一张桌子前停了下来，桌上摆满了柳条筐，上面高高地堆着红色和金色的苹果。店主看着她仔细地看着每一个苹果，然后做出了选择。

"我爱你们的精华，我很感激你们能在这里等着我，"玛丽亚足够大声地对苹果说。

店主微笑着对她说："谢谢！没有一种杀虫剂接触过它们的外皮。它们是树上结出的备受关怀和爱的水果。你买的是最好的。"

玛丽亚报以微笑地说："非常感谢我的朋友。你的工作对我们所有人来说是一种健康的祝福。"

店主诚恳地承认："你对苹果说的话我很喜欢。当我把它们放到篮子里的时候，我也会和它们说话。我请它们耐心等待，因为很快就会有人来接它们回家，在那里它们将完成它们的滋养使命。"

"谢谢你！多么美好，我的朋友。"玛丽亚回答。

买完东西后，玛丽亚走在街上，感谢阳光明媚的早晨在马鲁西亚的存在。她走过一张海报，上面写着城市的口号："你在这里看到的一切都有生命。"这句话铭刻在她的脑海里，她一路上感谢着每一样她所看到的。

她回到家，发现她的年轻朋友玛莱卡正坐在她的前门台阶上。玛莱卡正全神贯注地读着一本书，好像她舒舒服服地坐在图书馆里似的。玛丽亚走近她时，她吓了一跳，对玛莱卡的反应大笑起来。

"你今天没去学校？"玛丽亚问道，"这个时候你在这里干什么？"

"老师有一件意外的事，所以今天剩下的时间都不用上课了。"玛莱卡回答说。

打开门，玛丽亚领着玛莱卡直接走进厨房，开始整理她刚买的水果和蔬菜。玛莱卡在餐桌旁坐下，静静地看着她。

感应到发生了什么事，玛丽亚问道："好吧，告诉我，玛莱卡，你怎么了？"

玛莱卡笑着回答说："我骗不了你！你比我妈妈更了解我。但别担心，因为没发生什么坏事情。我只是想和你商量一个利用业余时间赚钱的项目。原来，我爸爸朋友的儿子有了一个新的在线视频频道。当我爸爸发现他在为视频找作品时，他告诉了他关于我的故事。昨晚他来我家，我给他看了一些作品，他很高兴。但是，他不想付太多的钱，所以我想我会'说不'。"

玛丽亚直截了当地问："你想要赚钱吗？"

"当然！我想在毕业前开始存钱，"玛莱卡很快回答。

"说'好的'，"玛丽亚鼓励地回答，"当你说'好的'，门就开了。另外，你不知道谁会在门的另一边给你提供你想要的东西。不管你做什么，尽你所能，不管你得到什么报酬。你永远不知道这个机会会把你带到哪里去。"

玛莱卡非常激动地回答说："玛丽亚，我现在很清晰了！谢谢你的智慧！"

玛丽亚拉着她朋友的手诚恳地说："听好了我亲爱的朋友。你认为这个人联系你是为了创造能让你赚钱的项目。但事实并非如此。他出现在你的生活中是为了给你一个抹去负面记忆的机会。所以，你现在能做的最重要的事情就是开始重复'谢谢你，谢谢你，谢谢你'来清除那些记忆。之后你会发现，一切都会变得容易得多。"

"我想今天不上学是值得的，"玛莱卡调皮地笑着说，"我学到了多么伟大的一课啊！谢谢我美丽的老师和朋友。"

玛丽亚用严肃的语气提醒她，"玛莱卡，你必须不断练习来重新编程你自己，否则你就会忘记，并回到过多的思考和担心的坏习惯上。这是一个一天24小时的训练。"

就在这时，尤尼希皮里从门口走进房子。男孩把装满书的背包扔到沙发上，跑到玛丽亚身边拥抱她。"妈妈，我爱您，"

他对玛丽亚说，然后拥抱了玛莱卡。

"我的宝贝，你今天在学校表现好吗？"玛丽亚问道。"很好，妈妈，"尤尼希皮里回答说，"现在我要回房间休息一会儿。可以吃饭的时候请叫我。"

玛莱卡意识到时间到了，就说："现在我该走了，玛丽亚。我已经占用了你很多时间，你还需要做晚饭。"

玛丽亚高兴地回答说："我昨晚做饭了，就做一点沙拉。但在你走之前，请跟我来，让我给你看一些激动人心的东西。"

玛丽亚领着她走向她家的车库门。她打开门，指着堆放在车库一侧的箱子。

"你要出版的书已经到了！"玛莱卡高兴地喊道。

"是的，但这不是我想要跟你说的。欧玛库阿教会了我一些东西，也许可以在你人生的这个阶段帮助到你，如何以不同的方式经营商业。昨天，当我发现我独自一人在看这些盒子时，我唯一的想法是关于市场营销和我需要做些什么来卖我的书。我很着急，所以我去找欧玛库阿商量。他向我保证说：'你不必做任何事情来出售它们，因为这些书中的每一本都已经知道它的主人是谁。'所以，我开始和这些书交谈，说：'你知道你要去哪里，所以请帮我找到联系这些人的最佳途径。'"

玛莱卡深吸一口气，回答说："太好了，玛丽亚！我需要学很多东西！这太有道理了，我知道我现在要做什么了。我可能会错过一些按照我的方式做事的机会。我要说'好的'，然后敞开心扉接受各种可能性。非常感谢你！"

　　玛莱卡紧紧地拥抱着玛丽亚，仿佛要拥抱她的知识和光明。她们走向门口道别。玛丽亚打开门，她们看到一只美丽的鸟展开翅膀，从巢里飞走了。

第六章

不用担心，你永不孤单

总有一些事情需要解决或者从我们的生活中抹去。

在这个欢乐的冬日的午后，在马鲁西亚中心广场周围布置了一个装饰华丽的展台。展品展出了绘画、雕塑和许多不同类型的工艺品，这些都是当地儿童为这个城市的游客们创作的。在广场中心的一个平台上，少儿合唱团正在表演圣诞颂歌，整个广场都能听到。少儿舞蹈团站在一旁，耐心地等待轮到他们表演节目。他们在假日前的最后一天做庆祝活动，这是一年中马鲁西亚的孩子们最兴奋的时刻。

父母、老师们在看台上闲逛，高兴地和带着孩子来到马鲁西亚的游客们混在一起。

空气中弥漫着一种欢腾的感觉，像是每个男男女女的心里面都在分享着同样的节日氛围。

尤尼希皮里和他的同学卡米拉在一起。他们站在展品旁边，展品和同学们的其他作品放在一张桌子上。一位母亲和她6岁的儿子停下来欣赏他们的艺术品。

女人问尤尼希皮里："这海滩画是你的吗？"

"是的，不到一个月前我创作的。"尤尼希皮里回答说。

"我喜欢你的风格,"女人说,"你能告诉我是什么激励了你吗?"

尤尼希皮里很高兴地告诉她自己的故事:"有一天我在海里游泳,遇到了一个害怕大海的男孩。然而,他相信荷欧波诺波诺的教导。所以,当他准备好了,他站在海水前,重复着'谢谢你,我爱你',直到感觉到大海就像朋友一样。那天,他第一次享受了在海里游泳的乐趣。"

当尤尼希皮里告诉她这个故事时,这个女人都能看到他的兴奋。

她开始看他其他的画,突然,她停下来,转过身来,回头看着尤尼希皮里。

"你有没有遇到过类似那样的事情?"女人感兴趣地问道。

尤尼希皮里回答说:"不是因为害怕大海,而是因为害怕其他东西。当事情发生的时候,我只会重复很多次'谢谢你,我爱你',我设法解决了恐惧或者问题。"

女人转向卡米拉问道:"你呢?"

卡米拉回答她说:"当然,在马鲁西亚我们也一样。这是我们最重要的教学。

"当你和尤尼希皮里谈话的时候,我重复着'谢谢你,我爱你'。总有一些事情需要解决或者从我们的记忆中抹去。我们此时此刻的谈话也并非巧合。"

这位女士仍然没有信服。

过了一会儿,她走向尤尼希皮里。

不想让她的儿子听到，女人低声说："我有个严重的困扰。我丈夫一年前被杀了，我一直无法从脑海中抹去那种影像。"

尤尼希皮里轻声回答说："你应该为此负责。它的发生是因为你把那些影像带进你的意识，你不想让它离开。"

就在那一刻，尤尼希皮里的母亲玛丽亚走上了展台，面带微笑地向大家致意。尤尼希皮里拥抱了母亲并吻了一下他母亲的脸颊。

那个女人认出了玛丽亚，问道："他是你儿子吗？"玛丽亚骄傲地回答说："是的，尤尼希皮里是我的儿子。那么这是你的小宝贝了？"

"是的，"女人回答说，"他叫约翰。他很害羞，不喜欢多说话。"

男孩聚精会神地看着玛丽亚，但是没有打招呼。

玛丽亚问那个女人："我能和约翰谈谈吗？"

"可以，当然。"那个女人很快地回答。

玛丽亚蹲到男孩的高度，轻轻地说："你好，约翰，能让我握住你的手吗？"

男孩没有回答，而是继续直视玛丽亚的眼睛。她轻轻地握住他的手，轻轻地抚摸着。男孩没有反抗。

玛丽亚非常温柔地对约翰说："谢谢你来这里。我有很多东西要向你学习。但现在，我想告诉你一些事情。你能让我说吗？"

约翰微微点点头表示同意，感兴趣地看着玛丽亚。她继续温柔地对他说："你永远不会孤单，因为宇宙永远与你同在。它是你所需要的一切；宇宙，与爱和光一样。"

玛丽亚拥抱着小男孩，他用胳膊搂住她的脖子。他的母亲对玛丽亚与儿子之间的融洽关系感到惊讶，瞬间眼眶湿润了。玛丽亚站起来，走近了女人。

玛丽亚用甜美而温暖的语调说：

"当你好的时候，约翰也会好起来的。开始向内看而不是向外，与你的内在智慧重新连结。"

女人含着泪水回答说："我被你和你儿子感动了。尤尼希皮里告诉我，我要对那些伤害我的记忆负起责任。现在我知道他是对的。谢谢你们！"

玛丽亚递给她一张传单说："请下周六加入我们。我要做一场演讲，相信能帮到你。"

小约翰一直在仔细听两个女人之间的谈话。然后他转过身开始说话，几乎听不见。

那个男孩很小声地问道："孩子们能来吗？"

玛丽亚又蹲下来对他说："我很高兴你能参加。我相信你能给我们很多，我的新朋友约翰。谢谢你，我爱你。"

那一刻，站台上传来了鼓声，喇叭里开始奏出欢快的旋律。

逗乐的孩子们跑进广场听音乐，一群鸽子随之飞起来。

随后，几十个气球被投放出来，天空充满了明亮的色彩。约翰朝它们跑去，小小的脸庞露出了灿烂的笑容。

他的妈妈向玛丽亚做了一个表示感谢的手势，然后急忙追赶着她的儿子。女人去到她应该去的地方，因为其中一个气球也在等着她。

第七章

用心聆听，万物都在与你交谈

一切皆有生命。

马鲁西亚的炎炎夏日即将结束，孩子们想趁天气变冷之前最后一次去海湾，在水中嬉戏游泳。

玛丽亚开着车，坐在车后座上的孩子们兴奋地唱着笑着。玛莱卡坐在副驾驶座上，把孩子们选的歌装进 CD 播放机。尤尼希皮里和他的朋友卡米拉和玛莱卡的弟弟卡纳尼一起唱着歌，声音很大，还跑调。他们沿着山路开，他们会随着每一个急转弯左右摇摆，并一致地夸大了这一动作，以增强他们的欣喜若狂。

突然玛丽亚提醒他们："孩子们，向前看。"

孩子们抬起头来，看到海湾的美景越来越近了。终于到了，孩子们立刻跳出车来，跑到了水边。

玛丽亚笑着对她亲爱的朋友玛莱卡说："他们太高兴了。我很高兴我决定来。谢谢你的坚持。"

玛莱卡回答说："我也是！我们在一起的时候我总是学到很多东西。谢谢你来。"

两个女人都提着折叠椅和包来到海滩。她们坐在椅子上，旁边放着孩子们的衣服。

尤尼希皮里、卡米拉和卡纳尼在享受晶莹清澈的海水，欢快地玩耍。

那的确是一个美丽的下午，在深蓝色的天空下，只有几朵蓬松的云。清新柔和的海风缓和了这个季节的炎热，带来了一种放松的感觉。

玛莱卡和玛丽亚完全静默地看着地平线，她们默默地向大海道谢时，深深地吸了一口气。

几分钟后，玛丽亚意识到玛莱卡已经闭上了眼睛，完全放松了。她趁机走在海滩边上，一群海鸥和谐地飞翔着。与此同时，三个孩子正在自我娱乐，在玩接球游戏。

玛丽亚停下来，向天空伸出双臂，大声说："感谢上天，这一刻给予我们和平及与自然的连结。我向你的伟大和完美鞠躬。谢谢你，我爱你。"

由于喜悦和感激，玛丽亚的眼睛湿润了，她回去和她的朋友团聚。

玛莱卡现在正坐在椅子上浏览玛丽亚的书。玛莱卡抬起头说："我爱你的书，玛丽亚。我马上就要看完了。"

"谢谢你，玛莱卡，"玛丽亚回答说，"欧玛库阿的教诲启发我去写那些故事。虽然欧玛库阿的许多故事在这本书中没有被分享，因为它们超越了已知的范围。这些故事使得我们打开意识，去认识到我们是无知的，我并不知道一切事物！"

玛丽亚说:"当我时不时听到声音时,欧玛库阿建议我,'打开你的意识!'"

玛丽亚激励地说:"事实上,玛莱卡,在欧玛库阿讲述的最好的故事中,他提到了他倾听声音的天赋。他已经极致地发展了他的天赋,以至于他能听到没有生命的东西在跟他说话。"

不太确信,玛莱卡问道:"东西?"

"是的,玛莱卡,"玛丽亚解释道,"记住,一切都有生命。不仅要与我们周围的事物交谈,而且要努力倾听它们告诉我们的。尤尼希皮里和我试着练习,有时我们也做到了。"

"玛丽亚,请讲一个欧玛库阿的故事。"玛莱卡渴望地请求。

玛丽亚开始了,"我要给你讲两个最棒的故事。它们发生在老师还在做咨询工作的时候。一天,欧玛库阿回到家里,像往常一样,他脱下鞋子,放进柜子里。但他听到鞋子告诉他,'不,我们不想进壁橱'。欧玛库阿接着提醒它们,'我下班回家的时候,我总是把你放在那里。'它们再次抗议说,它们不想被放进壁橱里,它们更喜欢到阳台上去。欧玛库阿温和地把鞋子拿到阳台上。然而,当他打开门把它们放在门廊上时,他听到它们说:'不,不,不在阳台上,天要下雨了。'他抬头仰望天空,注意到看不到一朵云。他对鞋子很生气,但它们坚持认为会下雨,并让他把鞋子放回壁橱里。欧玛库阿照它们的要求做了。半个小时后,他惊讶地看着天开始下起了大雨。"

当玛丽亚要开始讲第二个故事时,三个孩子游完泳跑回来，扑通滚进旁边的沙子里。他们想要一份点心，于是玛丽亚给了他们一个装满水果、杏仁和饼干的袋子。孩子们选了一些，开始吃起来。

玛丽亚继续说："孩子们听着，我正在和玛莱卡分享一个不寻常的欧玛库阿的故事。"

她开始讲下一个故事："有一天，欧玛库阿开车沿着高速公路像往常一样回家。但那天下午，当他要走他一直走的出口时，他听到一个声音说：'如果我是你，我就不会走那个出口。'欧玛库阿回答说，他每天都要走那个出口。那个声音又一次坚持说：'如果我是你，我就不会走那个出口。'然而，老师不理睬这个声音，还是开向那个出口。出乎意料，在斜坡的尽头发生了大的事故。他又听到了那个声音，'我告诉过你了'。欧玛库阿在那里等了两个小时，等到道路通畅，然后才继续回家。

尤尼希皮里好奇地问："只有欧玛库阿能听到这些声音吗？"

玛丽亚回答说："不是，尤尼希皮里，我们任何人都能听到这些声音。碰巧欧玛库阿设法抹去了很多的记忆，以致他完善了自己的天赋。这就是为什么你应该一直抹去记忆，就像你被教导的那样，重复地说'谢谢你，我爱你'。"

"玛丽亚，这些故事是一种灵感，"玛莱卡喊道，"我想，总有一天，我会给你讲一些关于我的类似故事。"

　　玛丽亚温柔地笑了笑，她们都静静地坐在那里，在心里思忖着她的话。只有海浪拍岸的轻柔声音和鸟儿在上面飞翔的翅膀拍打声。

　　慢慢地，太阳开始接近地平线，夜幕开始升起，一年中最后一个海滩日完美地结束了……

第八章

幸福其实是一种态度

我们生来都是幸福的，那是我们的自然状态。

　　孩子们刚刚完成了一天的任务，给游客们当导游，现在正朝公园跑去。他们兴高采烈、成群结队地跑向穿过马鲁西亚的河流附近的一个地区。在那里，在绿叶成荫的树下，一群成年志愿者用美味的小吃和爽口的果汁迎接他们。孩子们因为好几个小时与游客们分享欧玛库阿的神奇故事而得到了奖励。

　　这些孩子们一字不漏地知道关于欧玛库阿的故事，当地的花朵和灌木发出信息，可以清除记忆，治愈创伤；洞穴里有五颜六色的闪光，以及代代相传的关于精灵的各种传说。但最重要的是，他们知道许多游客所问的问题的确切答案，即马鲁西亚的每一个当地人都充满了幸福感的答案。当孩子们练习荷欧波诺波诺的技巧时，他们知道这种快乐的关键在于清理记忆。

　　孩子们毫不犹豫地在盘子里装满零食，把它们带到河边的一片草地上。他们喜欢看着水流懒洋洋地流过去，因为它也是一种内在力量的源泉。他们坐在这里吃东西，评论着当天与游客的遭遇。

　　玛莱卡的弟弟卡纳尼开始讲述他的经历，"我这边有一个非常固执的男人，他反驳了我今天所说的一切。"

"当他们这样的时候，我不坚持让他们相信我，"卡米拉笑着回答，"我只是简单地清理，重复着'谢谢你，谢谢你，谢谢你，谢谢你'，像疯了一样。"

卡纳尼接着说："他问我是怎么学会快乐的，我告诉他关于荷欧波诺波诺的事。他不相信我。他是其中一个坚持的。

"他想知道我小时候妈妈教过我什么。所以我告诉他，她总是告诉我，我唯一的工作就是快乐。他很惊讶。他告诉我，我妈妈需要教我怎样辛勤地赚钱或者类似那样的。"

尤尼希皮里一边吃着蛋糕一边解释说："卡纳尼，这个男人肯定学到的是幸福来自金钱，他相信为了得到错误的优先权，必须牺牲很多。我们知道我们真正的工作是成为快乐的人。"

就在这时，一只小艇顺流而下，传来巨大的喇叭声，把孩子们吓了一跳。

两名船员向他们挥手致意。男孩们很快就快乐地跳起来，吹口哨，大声喊叫来回敬他们的问候。

小艇离开后，尤尼希皮里转过身来对母亲说："妈妈，请和我们坐在一起。我想问您一个问题。"

玛丽亚在尤尼希皮里旁边坐了下，她被其他孩子围了起来，认真地听着她儿子的问题。

然后尤尼希皮里问："让一个顽固的游客信服我们在马鲁西亚的人都是真正幸福的最好方法是什么？他们总是问这个问

题，想要一个答案。"

"亲爱的，当你真正快乐的时候，你无法解释为什么，"玛丽亚深情地看着儿子的眼睛说，"这就像是无理由的快乐，这使我们每个马鲁西亚人获得幸福。他们很难理解幸福只是一种态度。"

"下次，我会告诉他们去和你谈谈，"卡纳尼笑了。

玛丽亚叹了一口气，回答说："亲爱的孩子们，你们不必让任何人相信我们的幸福。他们来到马鲁西亚是因为他们被寻找幸福的希望所吸引。

"有些人敞开心扉，但另一些人不会。这是一个非常私人的选择。记住：如果我们说我们可以，我们就可以，但是如果我们说我们不能，我们就不能。"

"也许他们只是想听到和理解一个更科学的解释，"卡米拉插话道。

"科学家们写了很多关于幸福的文章，"玛丽亚回应卡米拉的明智观察。"我读到他们已经在实验室里测量幸福感，并研究它对企业的影响。这些游客们可能会被激发到网上搜索这些信息。但你不要担心，因为每个人都会以自己的速度找到自己的路。"

"我想告诉你我今天观察到的一些事情，"卡米拉说，"我之前和一位父亲在一起，他对儿子很严格。男孩很开心，从一边跑到另外一边，边玩边跑边笑，但他的父亲非常严厉地告诉他，'安静点，别动。'"

"父亲没有意识到他的孩子只是在表达他所追求的幸福，"玛丽亚很快回答，"我们生来都是幸福的，因为那是我们的自然状态。正如欧玛库阿老师所说：'我们都是完美的，但我们的记忆却不完美。'在特定的时间，我们决定学习或相信许多事情：我们相信自己知道得更好，我们开始坚持以自己的方式做事，然后，我们学会了是非。不知不觉中，我们变得不快乐，每件事变得不容易。我们开始告诉自己那些故事，然后我们开始生活并相信它们。这是一条让我们远离内在小孩，远离我们与生俱来的幸福之道。"

尤尼希里皮同意地回答说："我们总是要试图去清理记忆。对吧，妈妈？"

玛丽亚笑着对儿子说："这是对的，儿子，别忘了你唯一的工作就是改正错误，快乐起来。当你快乐的时候、当你平静的时候，你就像一块磁铁，事情开始变得更容易。幸福是我们与生俱来的，痛苦是可以选择的。"

说完，玛丽亚站起身来，走向在摊位上等着她的其他成年人。他们正要开始抽奖。

就在这时，一只松鼠从尤尼希皮里手里抢走了一片三明治，并迅速跑向一棵树。孩子们立刻高兴地站起来，追了上去。

孩子们还在为追逐松鼠而哈哈大笑，然后，他们朝着画室走去。当他们到达时，迎接他们的是成年人的嘘声、咯咯声和欢呼声，鼓励他们加入进来。

　　当每个人都随着节日音乐的节奏鼓掌、喊叫、跳舞时，它变成了一种自发的欢乐联盟。那天，所有人都是赢家。

第九章

莫娜·西蒙那 一位非常特殊的疗愈师

与他人不同没关系。事实上，这太棒了!

寒冷的夜晚有一杯热茶便是完美的，玛丽亚想到她、尤尼希皮里和玛莱卡准备去拜访欧玛库阿大师的旅程。玛丽亚知道欧玛库阿喜欢某种茶，于是决定在去的路上买。他们到了商店，玛丽亚开始找茶。

"我想给欧玛库阿买些饼干，"尤尼希皮里说。

"宝贝，你自己选吧。"

当他们到了收银台，玛丽亚注意到尤尼希皮里拿了三袋不同的饼干：巧克力味的、燕麦味的和生姜味的。孩子淘气地看着母亲，等着她回应。玛丽亚抬高了眉毛，回答说："我们做个交易，好吗？你可以选择一袋给欧玛库阿，一袋给你，但是第三包饼干放回货架上。好吗？"

"亲爱的妈妈！我想在家里我有更多的东西。"

玛莱卡对他们俩笑着说："我奶奶叫我们不要用眼睛吃饭。我不明白为什么，直到我因为吃了太多的糖果而患上严重的胃疼，我一下子全明白了。"

他们三个继续赶往欧玛库阿的家，心里重复念叨着："谢谢你，我爱你。"玛莱卡和尤尼希皮里非常兴奋，欧玛库阿在他最爱的弟子玛丽亚的请求下，同意和他们见面。他们期待着能和这位智者在一起几个小时。

他们到了欧玛库阿的家，他和他们一个个地打招呼，最后给他们一个长长的温暖的拥抱。然后，四个人走进一间舒适的房间。房间有一扇大窗户，主人邀请他们随意地坐下。

玛里亚拿出来迷人的茶盒说："欧玛库阿，我们给你带来了你喜欢的茶。你要我现在准备一些吗？"

"现在喝杯茶就太好了，"欧玛库阿回答说，"谢谢你，玛丽亚！每个人都愿意加入我吗？"

尤尼希皮里兴奋地回答说："是的，是的，当然！我还给你带了一些姜饼饼干。你喜欢吗？"

欧玛库阿点了点头，"我很喜欢它们，尤尼希皮里。非常感谢你带来这些。"

玛丽亚走进厨房，玛莱卡抓住机会体会与欧玛库阿在一起的这段特殊时光。她带着极大的钦佩和仰慕凝视着他。

"玛莱卡，我和你一样，"欧玛库阿说，"上苍让我们人人平等。我们唯一不同的是，我已经有了多年的清理记忆的训练。自从我向我的老师莫娜学习以来，我就没有停止过。所以我的清理工作早在你出生之前就开始了。"

"我很想知道更多关于莫娜的事。我听过一些故事，但仍想了解更多。"玛莱卡抓住时机说。

"莫娜女士是一个非凡而出色的人，"欧玛库阿回答说，"然而，对许多人来说，她似乎很奇怪。甚至当我开始和她一起学习的时候，我也在想她是不是有点疯了。有一天，当我们在她家时，我看见她正在和一大群入侵她厨房的蚂蚁说话。莫娜坚定地对它们说：'等我下班回家，我希望你们离开这里；因为如果你们不走，我就要把你们消灭。'几个小时后，我们回来，看到蚂蚁们一排排地离开。不久之后，厨房里一个也没有留下来。"

玛莱卡激动地喊道："那女人拥有的力量太不可思议了！"

欧玛库阿回答说："我们都有这种能力，有人隐瞒它，有人认为它不好或不正常。很多人害怕去探索未知和被误解的事物，担心他们会被认为是怪异或疯狂的。你看，你已经开始在发展你倾听声音的天赋了。如果你全神贯注于此，你将继续发展你的天赋，如果你选择不去做，你将失去它。选择权在你。"

玛丽亚走进房间，把盛着茶和杯子的盘子放在咖啡桌上，开始加入了谈话。

玛丽亚回忆道："最近，莫娜的一个弟子告诉我，师父在她家住了几个月，在这期间，她的花园鲜花盛开。花园变得如此美丽，以至于邻居们开始问新来的园丁是谁。如果告诉他们真相，他们不会相信的。茂盛的花园只是由于莫娜女士不断地与花儿交谈。这就是它们开得如此娇艳和绽放的原因。大部分人都不会相信她，如果她告诉他们这些花帮助她治愈了其他人。"

　　欧玛库阿点了点头，重申了玛丽亚所说的话，他用平静、诚恳的声音继续说："她是一个伟大的治疗者，但她的咨询非常不寻常。当有人来找她咨询时，莫娜总是先请他或她谈谈他们生活中发生了什么事，才导致他们来见她。当那个人说话的时候，她会打开抽屉，开始把东西拿出来，放在空桌面上。她甚至不看她面前的人，好像她根本不注意。

　　"她只打开抽屉，把东西拿出来放在桌子上。在咨询过程中的某个时间点，那个人会突然感谢她，告诉莫娜他们已经感觉好多了。完成后，桌子表面会堆满她放在那里的东西，离开的人感觉好多了。莫娜女士在这个过程中所做的清理技术非常强大。"

　　尤尼希皮里好奇地问："她为什么打开抽屉，把东西拿出来放在桌面上？"

　　"她在清理，尤尼希皮里，"欧玛库阿回答说，"她放下一切，直接与宇宙合作。她会问，她需要为那个人而清理自己的哪些东西。那个人遇到了麻烦来到了她的面前，莫娜女士百分之百地接受了她的责任。请记住，当你说：'无论是什么原因造成了这种局面，对不起，请原谅我。'那么神圣的能量流会立刻到来并抹去记忆。而且，在那一刻被抹去的记忆，会从每个人身上抹去，包括我们的亲戚、家人和祖先。我们都有共同的记忆，所以人们会来到莫娜女士面前给她抹去记忆的机会。"

　　欧玛库阿手里拿着杯子，一边喝茶，一边闭上眼睛，轻轻地躺在沙发上。玛丽亚、玛莱卡和尤尼希皮里保持沉默，享受着弥漫在房间里的温柔和爱的能量。

第十章

你的内在小孩是你最好的朋友

相信自己的灵感，找到最适合自己的。

　　每天沿着公园旁起起伏伏的小径走一走，是玛丽亚最喜欢的锻炼方式。

　　当她完成半小时的例行锻炼时，她感到心跳加速，汗珠挂在她通红的脸颊上，她走向一片郁郁葱葱的树林，在树下的长凳坐下。

　　玛丽亚达成了目标很满足，从附近的喷泉里喝了大量的水，同时一边止渴一边重复着"谢谢你，我爱你"。然后她坐在阴凉处，闭上眼睛，缓慢而深长地呼吸，专注于自己的内心。从一个和平的、绝对的交流空间里，玛丽亚来到了宇宙居住在她内心的那部分。

　　"感谢你给了我一个美妙的地方，让我可以一边欣赏大自然，一边行走，还有这个新的机会让我和整个宇宙连结在一起。'谢谢你，我爱你'。"玛丽亚一边说，一边深深地吸了一口气。

　　玛丽亚睁开眼睛，感觉周围的一切都显得更加丰富多彩。当她感觉到一种与精神愉快的重新连结时，一种充满活力的能量在她的身体里流淌。

在那一刻，她决定和她内心的孩子说话。

她很温柔地说："你好，我的爱，谢谢你陪我散步，处理我身体的所有功能。谢谢你帮我释放了这么多生活中积累的记忆，一会儿我们就回家，洗个澡，然后出去找中央广场的尤尼希皮里。你知道我在乎你。谢谢你的耐心，谢谢你静静的等待。我爱你！"

突然间，她意识到一对年轻夫妇正停下来盯着她看。这是玛莱卡和她的朋友凯尼，他们刚从公园慢跑回来。玛丽亚又高兴又惊讶，站起来迎接他们。

玛莱卡给了玛丽亚一个拥抱，吻了吻她的脸颊，然后迅速开始介绍：

"玛丽亚，让我来介绍一下我的朋友凯尼。他就是我告诉过你的那个人，就是那个拥有在线视频频道的人。"

"很高兴见到你，凯尼，"玛丽亚回答说，并热情地握了握凯尼的手。

"玛丽亚，看到你很高兴。我听说过很多关于你的事。"

"他已经知道你是我的灵感来源，"玛莱卡一边对玛丽亚说，一边用一个充满爱意的手势搂着她，"我们停下来观察你，因为你专注于你自己，如此平静，就好像外面的世界不存在一样。"

玛丽亚解释说："你知道你可以在任何时间、任何地点和你的内在小孩交谈。可能是在你洗澡的时候，或者在工作时，或者在长凳上休息的时候。重要的是要认识到它的存在，并向你内心的小孩保证你永远不会抛弃它。当你们看着我的时候，我正好在这么做。"

"我还没有严格地经常和我的内在小孩说话。"凯尼羞怯地承认。

"一旦你意识到这些事实，"玛丽亚继续说，"当你意识到你的内在小孩保存着你的所有记忆，并且在践行荷欧波诺波诺的过程中与内在建立连结，那么你将会开始每天严格地与你的内在小孩进行交流。意识到他或她是你最好的盟友，他（她）可以真正地呈现你生命的所有。另外，记得你的内在小孩也可能是个女孩。"

"我在睡前做，我喜欢和我的女孩蜷缩在一起，告诉她美丽的话语。"玛莱卡喊道。

"在这件事上，没有对错之分，"玛丽亚回答说，"这只是相信你自己的灵感，找到最适合你的。例如，我的大师欧玛库阿说，当他早上醒来时，他会立即坐起来很长时间，并与他的内在小孩交谈。

"他把那天要做的一切都告诉了他，并提醒他荷欧波诺波诺工具。因为你的内在小孩也能学会在事情发生时说'谢谢你，我爱你'。这已经开始变成一个研讨会了。我现在要说再见了，因为我必须赶快去接我的儿子。"

"好吧，我太想和你继续这段对话了，玛丽亚。"凯尼说。

"我们还有其他机会。如果你是玛莱卡的朋友，你已经是我生活的一部分了。"

玛丽亚热情地拥抱他们两人，然后赶回去洗澡，然后去找她的儿子尤尼希皮里。

此时，在中央广场上，尤尼希皮里和卡米拉正与两个来马鲁西亚旅游的孩子兴致勃勃地交谈。他们的父母站在一旁，惊奇地听着他们的交谈而没有打扰。

其中一位男孩还是不大理解，问尤尼希皮里："你的意思是一直重复说'谢谢你，我爱你'？即使你在玩的时候？"

"是的，这就像是一个能获得回报的游戏，"尤尼希皮里非常认真地回答说，"我们重复的次数越多，我们就越开心，感觉越幸福。"

男孩的哥哥似乎明白了，问道："而且，晚上当你去睡觉的时候也说？"

卡米拉说："当你睡觉时，你的内在小孩会重复说，因为他或她从不睡觉。

"而且，睡觉前，我喜欢听荷欧波诺波诺的留言，这有助于我做美梦。就像魔法一样。"

尤尼希皮里邀请他们玩他的球，卡米拉开始比赛。兄弟俩跑在后面追她。

然后，尤尼希皮里解释了游戏规则。几分钟内，四个孩子一起跑，一起玩，一起笑。从他们之间自发的联系中，一种喜悦和热情清晰地展现出来。

　　父母们发现，他们快乐的同伴关系很有感染力。当父母们看着他们玩耍时，父母想到了孩子们之间的交流，这使他们的心里充满了幸福感。

　　相信自己的灵感，找到最适合自己的。

第十一章

一切都来自未知的世界

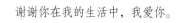

谢谢你在我的生活中，我爱你。

从马鲁西亚的最高峰看下去，这座城市似乎处于绝对平静的状态。在黎明前的那一刻，一切都很安静；居民们都在家里，街道上空无一人。玛莱卡和凯尼在爬上山顶时，对这宁静的景象看呆了。

就在玛莱卡和凯尼到达山顶时，第一缕阳光开始从地平线上隐约可见。这两个朋友爬上去寻找从最远处观察马鲁西亚山谷的最佳地点。很快，随着游客的到来，山谷将变得生机勃勃，他们往往像旋风一样旋转进入小镇。但是现在，玛莱卡和凯尼注视着这座特权城市的平静与安详的景色，那里所有的人都很快乐。在他们的脑海里，他们重复着"谢谢你，我爱你"这句话，释放，放手……

清晨的太阳唤醒了他们周围的一切。鸟儿欢快地叽叽喳喳着，从一边飞到另一边，树木随着清新的晨风的节奏轻轻摇摆。玛莱卡和凯尼想象不出比眼前的声音和景色更和谐的交响乐了。

"凯尼，谢谢你坚持让我来。"

玛莱卡说："我被这美丽的景色迷住了。我已经好几个月没有登上顶峰了。"

"这是我最喜欢的徒步旅行，"凯尼回答说，"凯也是，"他补充道，亲切地拍了拍他的拳击手。"我向你保证，凯比我们更喜欢这次徒步旅行，"玛莱卡回答道，"当我看到它长时间盯着同一个点时，我意识到了这一点。看起来它好像看到了一些仙女或天使。"

"它对我来说是个很好的老师，"凯尼承认，"我希望能有它那样的纯洁的心灵和天生的接受能力。"

凯尼搂着狗，对凯说："谢谢你在我的生活中，我爱你。"凯轻轻舔了舔他的脸来回应他。

就像三人一路下山，他们看到游客已经开始挤满了城市。他们称赞它的美丽，手拿相机，试图捕捉周围壮丽的风景。

当他们回到城里，玛莱卡和凯尼碰到一群精力充沛的孩子在一起跑来跑去玩。其中一个人手里拿着一根细树枝走近凯。男孩开始用一种神秘的声音和狗说话。

"这是我的魔杖，"男孩说，"我要催眠你跟我一起去。"

那条狗似乎在玩，它呆呆地盯着那个男孩。玛莱卡和凯尼看到这一幕，轻轻地笑了起来。过了一会儿，男孩的母亲来了，她严厉地抓住他的胳膊。

"迈克，你马上过来，"母亲警告说，"对不起，"她对玛莱卡和凯尼说，"这孩子很烦躁，有时我不能让他待在我身边。"

"没什么好道歉的，"玛莱卡回答说，"他只是用他的智慧创造了一个让他开心的游戏。孩子们有一种本能的智慧，有时会让我们成年人感到不舒服。"

这个母亲被玛莱卡的回答吸引，问道："你住在这里吗？"

"是的，我们俩从出生起就住在这里，"玛莱卡回答。

"很高兴见到你，"这位母亲回答说，"我一直想联系一个来自马鲁西亚的人，关于在这里练习的技巧，荷欧波诺波诺的技巧。我想知道是否有什么特别与企业有关的东西。"这位女士问道。她拿出一张名片递给玛莱卡，接着说："我有自己的营销公司。"

"很高兴认识你，我叫凯尼，这是玛莱卡。我们可以向你保证，荷欧波诺波诺在生活的方方面面都管用，包括生意。"

"很抱歉，但我不明白精神上的东西和生意有什么关系，"女人们回答说，"看起来荷欧波诺波诺更适合我们生活中的个人方面。"

"你可能对精神这个词有点困惑，似乎你把它和宗教联系在一起，"玛莱卡插嘴说，"没有比这更离谱的了。内在智慧是比我们更大的东西；它与宇宙的所有善相联系。它是我们在生活中寻求、吸引和创造繁荣的最重要的基础，无论是个人还是职业。"

"我父亲是一个非常成功的商人，除此之外，"凯尼补充说，"他在全州不同的城市开了几家客栈，而且生意都很兴旺。我可以告诉你，荷欧波诺波诺是你生意成功的唯一钥匙。我刚开始自己的小生意，一个在线视频频道。相信我，我对事情的发展很满意，一切都和我想象的一样。"

"但是，如果我告诉我的合作伙伴我们需要实施这项技术，"这位女士争辩道，"他们会说我疯了，不听！"

"如果你住在这里，没有人会雇用你，除非你与你的心灵有链接。"凯尼说明道："因为这是任何成功的生意的基础。还有其他的例子，比如第二次世界大战后在日本发生的事情。在那个国家经济复苏的过程中，被认为是日本奇迹的内在因素被证明占有非常重要的比重。也许是信念、信仰或积极的想法影射了他们的命运，或者仅仅是放下了那些负面故事的记忆。"

这时，女人坐在他们旁边的草地上，而她的儿子继续在凯身上练习魔术。

这个女人仍然困惑地问："所以，它们的依据是什么？根本原因是什么？"

"我的老师玛丽亚解释得很清楚，"玛莱卡开始说，"在这个物质世界里，我们看到的一切都来自：未知的、无法解释的和真空；我们看不见或摸不到的东西。我们通过我们的思想显化一切，因为我们是与上帝、宇宙和光一样的共同创造者。任何事物要存在，不管它是什么，首先它必须从一个思想开始。因此，我们应该非常小心我们的思想；它们是非常强大的。"

"有了荷欧波诺波诺，我们清理了阻碍我们创造灵感的记忆和相互冲突的信念；因此，我们允许宇宙来管理我们的事业。"凯尼说完结束了谈话。

　　游客很认真地听，试图理解他们的话。似乎有什么东西在她心里回荡。当她看着儿子和凯嬉笑时，她对自己温柔地笑了。当她感到阳光照在脸上时，她转过头来，闭上眼睛，她抓住了那一刻的喜悦，带着一种新的平静和理解。

第十二章

释放你的忧虑，奇迹就会出现

相信自己的感知。

夏日的阳光从尤尼希皮里卧室的窗户悄悄地照射进来。然而，他没有感觉到，因为他躺在他在床边的地板上搭的小帐篷里。

虽然半睡半醒，男孩听到玛丽亚在门外对他说话。"亲爱的，该起床了。"玛丽亚轻轻敲门说。

"我还困呢，"尤尼希皮里伸了个懒腰打着哈欠。玛丽亚走进房间，弯下腰往帐篷里看。尤尼希皮里迅速闭上眼睛，假装睡着了。

玛丽亚看到帐篷里的东西，轻轻地笑了笑：一盏电池供应灯，几支彩色铅笔，三本书一本一本地叠在地板上。放在上面的是尤尼希皮里前一天晚上未完成的画。玛丽亚温柔地凝视着躺在睡袋里的儿子。

然后，她俯下身来，轻轻地对他耳语道："我做了最美味的带有草莓的蓝紫色玉米煎饼，是给一个从昨晚起就没吃过东西的天才孩子做的。"

尤尼希皮里睁开了眼睛。他热情地坐起来问道："它们现在准备好了吗？"

玛丽亚大笑着，朝门口走去。她叹了口气说："是的，但那闹钟真是太棒了，不是吗？快点，起来，玛莱卡半小时后会来接我们。"

尤尼希皮里灿烂地笑着回答说，"谢谢妈妈！我爱您！"

在去玛丽亚家的路上，玛莱卡和凯尼正在愉快地交谈。玛莱卡的弟弟卡纳尼坐在后座听着。他们很高兴能和玛丽亚、尤尼希皮里共度周末，尤其是凯尼，他建议他们去他父亲位于马鲁西亚郊区的一家旅馆。

"我爸爸的那个旅馆叫豪奥利旅馆，"凯尼解释道，"这是他最喜欢的，因为这是他建造的第一个旅馆。我记得他工作很长时间，甚至周末都在工作。

"虽然我很年轻，我看到了他的奉献。但我意识到这是他的梦想，他在做他爱做的事。他从不抱怨也不担心，他就是让它进行着，交托给自然。"

玛莱卡问："他以前做过什么？"

"他是一家非常重要的律师事务所的律师，"凯尼回答说，"他放弃了客户提供给他的经济保障，去做他内心告诉他的事情。他把所有积蓄都投到了第一家旅馆的建设上，对于这个生意他知之甚少。他相信内在和他的直觉。"

就在那一刻，他们来到玛丽亚的家，她和尤尼希皮里在门口等着他们。

他们高兴地打着招呼，然后把包放进汽车后备箱。

尤尼希皮里迅速爬上后座，坐在凯尼的旁边，给他看他的新游戏。

玛丽亚感谢凯尼的邀请，他们兴高采烈地开始了去豪奥利的旅程。

当他们来到旅馆的餐厅，凯尼的父亲阿里卡正在和一对在那里待了一个星期的夫妇说话。他们正在享受旅馆和周围的自然美景。他们刚刚参观了附近的海底洞穴，并评论着洞穴内的瀑布有多神奇。

"这是我选择这个地方建造豪奥利旅馆的原因之一，"阿里卡告诉他们。

"很多人都说我疯了，因为他们说游客们对这个地区永远不会感兴趣。但我没听他们的。我内心深处的某种东西告诉我，如果我做我喜欢的事，在舒适的小旅馆里创造一种特殊的能量，有好的食物、漂亮的装饰，靠近神奇的海洞，离马鲁西亚不远，那一定会成功的。"

女人问："你从不担心犯错吗？"

"正是因为我不担心每件事都能轻易到位，正如你所见，结果很好。"阿里卡回答。

那个女人不太相信，继续说："但怎么能不担心呢？你是怎么做到的？"

"我只是选择了不担心，"阿里卡说，"当我注意到我有一部分想担心的时候，我看着天空，对上苍说：'你知道我必须做什么，你知道我需要什么，所以我不担心。'然后我会在脑海里重复'我不担心，我不担心'，我知道忧虑会阻碍我们看见奇迹、阻碍我们看见神所能做的事。当我们不担心的时候奇迹就会发生。"

"这很难做到，尤其是当你在经济上出现问题的时候，"女人回复说。

"我从来没有钱的问题，因为我放手去相信了，"阿里卡接着说，"发生金融危机的概率很高，我把所有积蓄都投到了这家企业，没有任何成功的保证。然而，奇迹开始出现。想象一下，有一天我收到银行的一封信，告诉我他们已经把我的抵押贷款减少了 50%！我没有要求，但银行降低了我的债务数额。一个真正的奇迹！"

看到儿子来了，阿里卡站起来，向客人道歉。

他走过去拥抱他的儿子，然后向玛里亚、玛莱卡和孩子们介绍了自己。

"欢迎来到我的旅馆，"阿里卡说，"谢谢你们的到来。你们现在可以先去尽情地享受一下，我们待会儿聊。"

孩子们立刻跑去玩耍，而大人们则欣赏到了周围一切事物的美丽。

他们被豪奥利旅馆的宁静迷住了。它散发出和平与幸福，每一件物品、每一个细节、每一株植物，似乎都是上天的手放在那里的。

　　“你知道我要做什么，你知道我需要什么，所以我不必担心。”

第十三章

我们放手并选择相信时，一切都会变得更简单你的内在小孩是你最好的朋友。

豪奥利一直是一个迷人而宁静的地方。这家美丽的旅馆曾是凯尼父亲阿里卡的梦想，对所有到访的人来说，确实是一个和平与幸福的地方。

神奇的一天变成了美丽的夜晚，客人们回到自己的房间。这是阿里卡与儿子和朋友们重新联系的最佳时机。他们坐在旅馆的门廊上，在沐浴着璀璨星光的晴空下，他们全都在闲聊。

凯尼借此机会指出了一些星座，孩子们被迷住了，专心地听着凯尼讲解一些星星的队形。他们兴奋地发现，他们能够辨认出北斗七星和南十字星在他们头顶上的天空。"我记得当凯尼还是个孩子的时候，我就和他坐在这里，"阿里卡说，"那时候，这只是一个小茅屋。不过，我们还是很享受。看到我儿子幸福的脸庞，我们为追逐梦想而冒的一切风险都是合理的。"

"凯尼告诉我，在你决定从事这项业务之前，你曾是一名著名的律师。"玛莱卡说。"是的，"阿里卡叹了口气，"他们说我疯了。我有我想要的一切。但在我妻子去世后，我开始感到生活中的空虚，不仅仅是因为她走了，还因为失去了一些其他的东西。我意识到生命随时可能消失，我需要用一些能让我完全快乐的东西来填满它。当我开始清理和跟随荷欧波诺波诺而放手时，我开始对我做出的重大改变更加有信心。"

"荷欧波诺波诺的教导是一种祝福，"玛丽亚肯定地说。

"真的，玛丽亚，"阿里卡回答说，"要不然，我就不会当这么多年的律师了。我练习荷欧波诺波诺，客户自动来找我而不需要我去寻找他们。他们不仅设法进入我的办公室，而且总是按时付款。当我清理和释放时，我经历了许多奇怪的事情。例如，如果我需要花多一点时间在这个客户身上时，突然我会接到下一个客户的电话，告诉我他们需要改期到另外的时间。"

"当我们把宇宙自然放在第一位时，这种事情就会发生，"玛丽亚证实道，"我们需要清理和释放。"

"当我决定退出法律职业，追求我的梦想，建造旅馆时，"阿里卡回答说，"我放手，相信了。我一做决定，门就开了。"

凯尼注意到孩子们都累了，建议他们该休息了，并向他们保证，当他们参观天文馆时，他会给他们看更多的星星。阿里卡感谢他们的陪伴，然后坐到凯尼旁边的椅子上。两人都平静地坐在那里，望着大海，听着舒缓的海浪声，他们感觉到海岸进入了黑夜。

第二天早上他们都在旅馆的餐厅见面。玛丽亚和玛莱卡都穿着夏季新装，看上去容光焕发。他们坐在一张简单装饰着精致花卉的桌子旁，享用着美味的早餐。孩子们盼望着参观海底洞穴，难掩他们的热情。在问候了其他客人之后，阿里卡和凯尼也加入了他们的行列。

"我无法想象洞穴里会有瀑布，"玛莱卡说。"玛莱卡，你没看过照片吗？"尤尼希皮里兴奋地问道。"说实话，没有，"玛莱卡回答说，"但根据我所听到的，我真的很期待第一次去参观它。""我要站在瀑布下，让它冲到我身上，"兴高采烈的卡纳尼说，"自从我在一部电影里看到它的时候，我就一直想这么做。"

"我们要遵循导游的指示，这里有安全规则。卡纳尼，我想你会坐在独木舟里，在瀑布下洗澡。"凯尼愉快地解释说。

"我的导师欧玛库阿说，这片区域到处都是妖精，"玛丽亚笑着补充道，"也许我们会在洞穴里找到一些小妖精。"

阿里卡惊讶地问道："欧玛库阿是你的导师吗？真是荣幸。很久以前，我参加了他的一个研讨会，他的智慧给我留下了深刻的印象。"

"当我开始和他一起学习时，我意识到我所知道的并不像我想象的那么多，"玛丽亚回答说，"他的故事打开了我的视野，帮助我以完全不同的方式看待一切。最重要的是，这让我更加谦虚，因为我知道我们可以聪明，但智慧远不止于此。"

"我知道欧玛库阿在一位非常聪明的女导师那里学习了很多年，"阿里卡说。"是的，她的名字叫莫娜，"玛丽亚确认道，"她是传承下来的荷欧波诺波诺的训练师。欧玛库阿花了好几次研讨会才决定追随她。因为有时候,他觉得莫娜有点疯狂。但真正让他相信她的智慧的是她治愈了自己女儿。这位睿智的女主人承担了 100% 的责任,做了荷欧波诺波诺清理,治好了她的孩子。"

他们继续各自分享了自己用荷欧波诺波诺清理的经验,连孩子们都奉献了故事。但是很快他们就变得不安了,想去洞穴。当他们往外走的时候,他们被柔和的海风和欢快的鸟鸣声所迎接,这美好的早晨的一切都来自自然的魔力。

不要让任何人阻止你发展你所拥有的内在天赋。

感觉忧郁时，请听内在小孩的声音。

第十四章

我们是来弥补祖辈曾经生命的过失

对你所拥有的心存感激。

　　宽阔的开放式人行道上挤满了游客和当地人，他们都在享受马鲁西亚广受欢迎的幸福集市。孩子们的笑声与集市欢快的音乐交融在一起，形成了一种节日的声音，全镇都能听到。一个巨大的欢迎标语用这样一句话来欢迎客人：现在选择快乐。

　　在集市的中央有一个巨大的摩天轮，上面镶着醒目的彩灯。有一长串的人渴望感受登顶的冲动，体验马鲁西亚的鸟瞰美景。尤尼希皮里、卡纳尼、玛莱卡和玛丽亚刚刚从上面下来，还有点晕，尤尼希皮里笑着回忆起他们到达摩天轮顶部时卡纳尼脸上的表情。兴奋的尤尼希皮里喊道："真是酷，卡纳尼！我们好像在飞！"

　　"我的梦想是成为一名飞行员，"卡纳尼高兴地回答，"在上面，我觉得我可以飞了。"

　　"妈妈您呢？"尤尼希皮里小心翼翼地问妈妈。

　　"事实上，你的笑话给了我太多的鼓励，你设法让我忘记了我的眩晕症。"玛丽亚笑着说。

　　尤尼希皮里跳上跳下说："那我们回去吧！"玛丽亚笑了，

然后指着碰碰车回答说："看，亲爱的，你最喜欢的。我们还是去那儿吧！"

尤尼希皮里和卡纳尼朝那里跑去，玛丽亚和玛莱卡慢慢地跟在后面。他们对交易会的活跃气氛感到高兴，他们会花时间注意整个交易会吸引人的海报上的特殊信息。每张海报上都有一句鼓舞人心的话，意在吸引参观者的注意。两位女士很高兴看到游客们停下来阅读标牌上的许多信息：总是听你的心的声音。对你所拥有的心存感激，你会得到更多的东西。你可以改变你的命运。无论你周围发生什么事，你都可以平静下来。你可以改变你的生活，不需要依赖任何外面的人、事、物。你用你的思想创造。当你做你爱做的事时，一切都会很容易，甚至钱也会来得很容易。

每个标牌旁边都是一个展台，上面摆满了有关信息的小册子和书籍，还有一个当地的指南，可以帮助回答任何问题。玛丽亚和玛莱卡走过一块牌子，上面写着：我们的大多数问题都来自我们的祖先。一名男子站在标牌旁边，仔细地浏览着玛丽亚写的小册子。她停下来听他问导游问题。

那个困惑的男人问道："你真的认为孩子们能理解这些信息吗？对成年人来说，这些信息都显得太复杂了啊。"

导游回答说："其实，小册子的作者就在那边，这不是巧合。我相信她能给你一个比我更好的答案。"

向导开始提议玛丽亚加入他们。玛丽亚于是鼓励玛莱卡和尤尼希皮里和卡纳尼一起去车上，这样她就可以停下来和来访者交谈了。导游介绍了他们，游客与玛丽亚握手致意。

"我们成年人以为我们知道，但我们什么都不知道，"玛丽亚承认，"我们需要训练自己，让自己回归小时候的自然智慧。也许这就是你认为这些信息很复杂的原因。"

这个男人反驳了玛丽亚认为成年人什么都不知道的观点，"我想我的孩子们会被这个弄糊涂的。告诉孩子们，我们的问题来自我们的祖先，这不是一个容易理解的概念。"

"我教过很多孩子的研讨班，"玛丽亚证实道，"我可以向你保证，孩子们更容易理解我们是如何受到祖先记忆的影响的，比我们容易得多。孩子们知道真相，因为他们是聪明的，他们的心是纯洁和开放的。在马鲁西亚的孩子们接受荷欧波诺波诺的培训，这有助于他们清理和释放祖先过去的记忆；放下这些记忆是通往幸福的唯一途径。"

"听起来很有趣，"这个男人一边回答，一边拿起一本名为《我们的大多数问题都来自祖先》的小册子。

"我的朋友，你知道的。"玛丽亚说，"一般来说，成年人倾向于把自己的问题归咎于父母或过去伤害过他们的人。一旦我们明白，所有进入我们生活的人，给我们一个改正的机会，那么一切就容易了。这种情况是否发生在你身上：当你参加一个会议，看到一个你不认识的人时，你变得不友好或拒绝与他交流？你会选择一个人坐在椅子上而不是坐在他们的旁边？你不知道为什么，但你本能地想避开那个人。"

"是的，那是真的，我也发生过这种事，"那人回答说。

"也许你和那个人在过去的生活中有过问题，也许是你们祖先之间的问题。"玛丽亚解释道，"让我和你们分享一些事情：当我是一名建筑师的时候，我有一个客户代表一家外国公司，在那里我有好几个项目的合同。那个客户总是指责我犯了不存在的错误，并抱怨他认为我会做错的事情。当我咨询我的智者欧玛库阿时，他仔细考虑了这些信息，他受训要做的事情。经过深思熟虑，欧玛库阿问我：'你知道你为什么和你的客户有这种关系吗？'欧玛库阿接着回答了我的问题，'因为在过去的生活中，你的一位祖先烧毁了他的族人居住的村庄里的所有房屋'。"

那人回答说："哇，你的故事太神奇了。你给了我很多思考。"

"有很多故事我可以告诉你，"玛丽亚继续说，希望能提供更多的信息。"就像一个女人在家门口发现了一只小猫。她立刻意识到小猫的一只眼睛有严重的问题。然而，她还是决定收养它，尽管她还有其他宠物和几个孩子。她带它去看兽医，照顾它。小猫康复后，我导师的导师莫娜去拜访了这位女士，并看到了那只猫。"它是你家族一只被子弹射中眼睛的狮子的后代，"莫娜告诉她，然后问道："你意识到了吗？"你看，宇宙是如此完美，它给到这个女士一个机会通过擦去记忆来纠正错误；她从她身上擦去的东西，也从她的家人、亲戚身上消失了。我希望这能帮助你更好地理解。现在，请原谅，我必须走了。感谢您的关注，我希望您能继续享受展会的乐趣。你带孩子来了吗?"

"是的，他们和我妻子在一起，"那人回答说，"他们去骑小马，然后去骑旋转木马上。谢谢你的话。你说的是真的；我们成年人认为我们知道，但我们什么都不知道。"

"我们都在学习，"玛丽亚笑着说，"谢谢你，你给了我一次擦去记忆的机会。再见。"

玛丽亚走向碰碰车，四个人拥抱在一起。在集市的能量驱使下，他们都充满了一种纯真的喜悦。这两个男孩现在已经准备好去玩在集市上最快的过山车了。

第十五章

我们选择一切，包括我们的父母

对不起，请原谅，谢谢你，我爱你。

　　玛丽亚和尤尼希皮里进入附近喜欢的商店，寻找完美的礼物，用来庆祝卡纳尼的 10 岁生日。

　　尤尼希皮里兴奋地跑过电动火车、轮船和遥控直升机，停在飞机前。卡纳尼的梦想是成为一名飞行员，尤尼希皮里坚持要他们给他买一架飞机。

　　可选择的范围很广，从非常简单的到包含几十件似乎需要耐心的工匠才能完成的作品。尤尼希皮里决定，他想买一架他能飞的飞机。

　　玛丽亚观察她儿子慢慢地仔细查看每个盒子，盒子上都有不同的飞机照片。

　　几分钟后，尤尼希皮里拿起其中一个盒子，开始和它说话。"你是我朋友的完美玩具，"尤尼希皮里对飞机说，"谢谢你在这里！现在我们去参加卡纳尼的生日聚会吧。"

　　玛丽亚微笑着走在她儿子的身后，儿子正朝着收银台走去。

　　当他们走到柜台时，尤尼希皮里开始对售货员说："我可以在这里待上几个小时，"尤尼希皮里宣称，"我相信你的工作很有趣。"

"是的，我喜欢我的工作，"推销员热情地说。母子俩道别了，在他们离开时感谢了那个男人，然后去了卡纳尼的家。

卡纳尼的姐姐玛莱卡辛苦地工作了好几天，为她弟弟组织了一次聚会，聚会在他们郁郁葱葱的后院花园里举行。他们和父母阿内拉和洛帕卡住在一起，他们在马鲁西亚拥有一家受欢迎的连锁咖啡店。

到了后，一家人拥抱了玛丽亚和尤尼希皮里。玛莱卡把他们护送到花园里，在那里生日男孩沉浸在所有的关注之中。卡纳尼兴奋地跑向他们。

玛丽亚和尤尼希皮里给了他一个大大的拥抱，并祝他生日快乐。

尤尼希皮里随后把礼物送给了他，卡纳尼立刻撕下包装，想看看里面是什么。当看到了礼物时，他热情地拥抱他的朋友并感谢他。

"我好喜欢它，尤尼希皮里，"卡纳尼说，几乎拥抱着玩具。"这是我最喜欢的礼物之一。今天晚些时候我会开始组装它！谢谢你！"

"当你成为一名飞行员后，你就可以让我坐上和那架一样的飞机，"尤尼希皮里高兴地回答道。两个年轻的朋友加入了其他的正在兴高采烈地跑来跑去的孩子们的行列，他们一边等着热狗和汉堡端上来。

玛莱卡和她的父亲洛帕卡负责烧烤。玛丽亚和玛莱卡的母亲阿内拉和其他成年人一起，在天井外的日光房里看着孩子们，漫不经心地交谈着。

"我记得就像昨天一样，他那美丽的新生面孔，"阿内拉说，她指的是她的儿子卡纳尼，"这是一个特别的时刻。"

玛丽亚接着问道："他在所有的选择中选择了你作为他的母亲，这不是很好吗？"

"我从来没想过这个，"阿内拉说，"我知道这是真的，但并没有停下来好好想过这个。"

"阿内拉，我们在出生前就选择了生活中的一切，包括我们的父母，"玛丽亚回答说，"虽然这看起来不合逻辑，是吗？不幸的是，一旦我们进入我们的身体，我们就会忘记我们在来到这里之前与上天一起设计的完美计划。"

玛莱卡加入谈话，问道："你有那些记忆吗，玛丽亚？"

"没有，但尤尼希皮里确实记得他是如何选择我做他的母亲的，"玛丽亚回答说，"他跟我说了很多次，几乎是从他开始说话的时候。"

那一刻，女人们看着尤尼希皮里带领一群孩子进行一场即兴的球赛。

"尤尼希皮里是一个了不起的孩子，"阿内拉对玛丽亚说，"我喜欢他是卡纳尼的好朋友，因为我认为我的孩子能从他身上学到很多东西。"

"我每天都从他身上学到东西，"玛丽亚微笑着回答。

洛帕卡叫孩子们排成一排站在烧烤炉旁时，在喧闹的游戏声中可以听到他那洪亮的声音："汉堡和热狗等着你们。"

汗流浃背的孩子们从玩耍和奔跑中冲向一条单行线；他们都饿了，等着吃东西了。

"妈妈，我还不饿呢，"尤尼希皮里和妈妈说，"我等所有人都上桌了。"

"来和我们坐一起吧，尤尼希皮里，我想问你一件事，"玛莱卡问道。

"什么？"尤尼希皮里问道。

"我很想知道你是怎么选择玛丽亚做你妈妈的，"玛莱卡回答说，"你能告诉我们吗？"

尤尼希皮里坐在玛丽亚旁边，用一种平静的声音开始说话："当然，这是我最喜欢的故事，因为这是发生在我身上的最美丽的事情。我记得那一次，在我进入身体之前，我在一个像银河系的地方，我在找我妈妈。我在成千上万颗大小不一的星星中到处找她，我的内心告诉我其中一颗星星是我妈妈。我不停地寻找，直到突然其中一颗星星开始比其他星星更闪亮。它因它的光辉和美丽而引人注目。在那一刻，我知道那是我的母亲。"

当他讲完他的故事时，尤尼希皮里抱着玛丽亚，他的头紧靠着她的头。

玛莱卡和妈妈看着对方，都被母子之间的爱感动了。

爱和温柔的光芒包围着他们全部。

很明显，尤尼希皮里是个了不起的男孩。

我很高兴他是卡纳尼这么好的朋友。

第十六章

水和太阳：一个完美的组合

只要你本身是爱，没有人是孤独的。

玛丽亚刚从农贸市场回到家,把装满水果和蔬菜的袋子放在厨房的桌子上。

她对自己的采购感到满意,一遍又一遍地说谢谢,感谢马鲁西亚提供的食品质量。她把早前在渔夫集市上买的新鲜鱼拿出来洗好,调味准备。

今天对玛丽亚来说是个特别的星期天,欧玛库阿大师会到她家里与她和尤尼希皮里共进午餐。这位睿智的老人非常尊重玛丽亚,他最喜欢的弟子,她刚刚因为她的儿童故事书而获得国际认证。

在玛丽亚的心中,没有比简单地和欧玛库阿在一起更好的庆祝了,欧玛库阿的教导和故事就是她的灵感。

做饭时,她透过俯瞰后院的窗户看着儿子。尤尼希皮里正全神贯注地在画架的画布上作画。他正在对这幅画进行最后的润色,他将把它送给欧玛库阿。男孩沉浸在创作中,并没有意识到玛丽亚已经回家了。现在,他准备把自己的签名放在画布上,心里重复着:"谢谢你,我爱你。"

玛丽亚走进后院，站在儿子身后，欣赏着他的作品。"这很美，尤尼希皮里，"玛丽亚喊道。

尤尼希皮里吓了一跳说："妈妈，您吓到我了！"

玛丽亚微笑着继续凝视着儿子的作品，几分钟后，她温柔地用手臂搂着他。

"这幅画是天堂的真实写照，是对你爸爸的敬意。"玛丽亚在他耳边小声说。

"是的，妈妈，您说得对，"尤尼希皮里回答说，"看，他就是那个张开翅膀的人，还有一条他将继续行走的路。"

"祝贺我的宝贝，这是一幅美丽的图画，"玛丽亚回答说，"欧玛库阿一定会非常喜欢这个礼物的。"

"我现在完成了，"尤尼希皮里回答说，"现在我准备好帮您做我们午餐所需的一切。"

"太好了，"玛丽亚说，"你可以把蓝色的瓶子装满水，放在阳光下。我只剩下足够洗水果和蔬菜的太阳水了。"

"对了，"他回答说，"昨天我告诉卡米拉关于太阳能水的事。她会让她妈妈也开始用。"

玛丽亚坚持说："告诉她用它来浇花。她会惊讶于它们成长得如此之快，会变得多么的美丽。然后，她就会给任何东西都用上太阳水。"

尤尼希皮里找了那些蓝色的瓶子，然后一个接一个地往瓶子里灌了水。

玛丽亚回到厨房继续准备饭菜。她小心翼翼地按照她最喜欢的食谱做了一道菜，用香草调味鱼，心里反复念叨着"谢谢你，我爱你"。摆桌子时，她也是这样做的，桌子上铺着一块漂亮的桌布，然后重新检查了这个特别的机会的每一个细节。

很快，欧玛库阿到了，手里拿着一束花。

欧玛库阿热情地拥抱了他们之后，这位睿智的大师把这些花交给了玛丽亚。

"接受它们作为我敬佩和尊敬的象征，"欧玛库阿说，"我为你感到骄傲，我亲爱的玛丽亚。"

他们欢迎了欧玛库阿，说了几句话之后，他们走到了桌子前，玛丽亚已经准备好了美味佳肴，欧玛库阿现在正把注意力转向尤尼希皮里。

"我相信你妈妈教过你吃饭前最重要的事情，我们必须和我们的食物说话，"欧玛库阿说。"是的，欧玛库阿，我们总是这么做，"尤尼希皮里回答。

欧玛库阿回答说："那让我们一起说'谢谢你，我爱你'，这样就可以在我们的食物里加上适合我们的完美的东西。当我们感谢和表达爱的时候，我们是与宇宙合一的，不必担心任何事情。"

三个沉默的人静静地沉思片刻，然后开始享受他们特别的午餐。

欧玛库阿很快就评论说，这道菜很美味，饭菜做得很好。

"我妈妈是世界上最好的厨师,"尤尼希皮里说,"即使她把所有的功劳都归功于蓝色太阳水。"

"正如你所见,尤尼希皮里一直在关注,"玛丽亚回答说,"每次我用太阳水洗水果和蔬菜时,都会听到他们表达满意和欣慰。当我感觉到水在放松和恢复它们的新鲜感时,我总是听到它们发出的声音'啊哈',我感觉到水在放松和恢复青春活力。"

好奇的尤尼希皮里问道:"它们真的在放松和恢复活力吗?"

"是的,我的小宝贝,"欧玛库阿回答说,"举个例子,摘这些苹果的人在收苹果的时候,心里可能有些担心。他可能有金钱问题或家庭问题,这些想法就会传递到苹果上。然后我们吃苹果时就把那个人的问题一起吃进去。但是如果我们用太阳水洗苹果,我们就能把这些问题洗掉。然后我们感谢他们创造了一个保护罩。我可以告诉你,我听说我的车、洗衣机和植物都向我要太阳水。这是对所有事物有益的净化。"

吃完饭,玛丽亚收拾了桌子,尤尼希皮里把欧玛库阿带到院子里,给他看了那幅画,那幅画还在画架上。"这是我为你画的,欧玛库阿。"智慧的大师专注地看着它,好像目光越过了画。

欧玛库阿对男孩说:"我在你的画中看到了一种非常深刻的理解,对于一个如此年轻的人是最难学的,尤尼希皮里。但你用这幅画捕捉到了伟大的美。确定的,我们不仅仅是我们的身体。你爸爸就在我们身边，但与此同时，你给了他一条他自己的路。"

不需要再有任何的语言，欧玛库阿给予这个男孩一个强有力的拥抱，照亮了宇宙的光明和爱。

玛丽亚从厨房的窗户望过来，泪水顺着脸颊滑落下来。

第十七章

以不同的方式回应

信任将为你开启一扇门。

尤尼希皮里、卡米拉和卡纳尼，这三位朋友，作为导游度过了一天中的大部分时间，回到了中央广场。

那是一个凉爽但阳光明媚的星期六下午，秋天的临近给美丽的马鲁西亚带来了一年中最宜人的气温。

孩子们坐在树荫下的木凳上，等着玛莱卡来把他们带上，去玛丽亚家。他们计划在那里度过下午剩下的玩耍时间。

"我们可以在后院搭帐篷，"尤尼希皮里告诉他的朋友们，"我以为它很小，"卡米拉回答说，"我们三个能进得去吗？"

"是的，它很小，但把它撑起来会很有趣，"尤尼希皮里解释说，"里面有足够的空间让我们三个人玩拼图游戏。"

"哦不，"卡纳尼抗议道，"我们玩点别的吧。你们总是打败我。"

"如果你读更多的书，你就更有可能获胜，因为阅读总是帮助你学习新单词。"卡米拉争执道。

在那一刻，他们看到玛莱卡在凯尼和他的"拳击手凯"的陪同下朝他们走来。狗向孩子们跑去，孩子们立刻开始和它玩起来。玛莱卡和凯尼被凯和三个孩子之间自然发生的和谐之美所吸引。

"动物和孩子非常相似，因为它们内心保持纯洁。"凯尼说。

"凯尼说得对，"玛莱卡笑着说，"动物没有评判和意见。非常的美好，它们知道自己是谁，知道为何在这里。"

当他们来到玛丽亚的家时，她邀请他们自己随意地吃她放在桌上的各种美味的食物和果汁。饥饿的孩子们很快就把盘子装满了。当他们享用食物时，他们记得感谢盘子里的食物。玛丽亚、玛莱卡和凯尼也这样做，而凯则在客厅那里乖乖地看着。

玛丽亚转向卡米拉问道："你的家人怎么样？我最近没见过他们。"

"他们很好，"卡米拉回答说，"除了我住在纽约的妹妹。她有一些问题，所以我爸爸已经去帮助她解决了。"

玛莱卡真诚地关心，问："她有没有荷欧波诺波诺练习？"

"我想没有，"卡米拉回答说。

玛莱卡说："也许她会，但只有当事情发生，她觉得有必要的时候才会做。"

"一个人不必等到遇到问题才去跟内在说话。"玛莱卡说，"他总是等着我们让他来处理我们的问题。"

"欧玛库阿大师告诉我，任何时候都是和内在对话的好时机，"玛丽亚插嘴说。

玛丽亚看着尤尼希皮里问道："你知道还有什么比和内在说话一样重要的吗?"

尤尼希皮里骄傲地回答说:"放手。"

玛丽亚笑着说:"完美的尤尼希皮里,放手,释放,放松,信任和允许,这样你就可以被引导了。但是,当你问内在的时候,非常重要的是你要很认真注意。如果你问,你必须有耐心等待他的答复。

"你必须始终保持开放和灵活。答案可能会在你最不经意的时候出现。"

"我不喜欢和别人说话,而他们也不回答我,"卡纳尼说。

"正是,卡纳尼,我们所有人都会遇到这种情况,"玛丽亚自信地说,"所以我们应该等待内在的回答,等待内在对我们问题的解决。而常常发生在我们身上的是,我们被自己的思想和情绪所困住,这就阻止了我们去发现答案。此外,我们认为我们知道,我们期望一切都按我们的方式进行。但实际上,我们不知道什么对我们来说才是最合适的。期望也是记忆,所以我们需要释放并擦去它们。"

在谈话的这一刻,他们注意到凯正站在餐厅门口,等待被允许进入。

"现在不行,凯,"凯尼告诉它,"在客厅等着。当我们结束时,我们会给予你应有的关注。"拳击手用悲伤的眼神看着自己的主人,歪着头。

然后，按照主人的指示，它回到客厅。它躺在地板上，耐心地看着他们，等待轮到它。三个孩子都被凯这么服从而惊呆了，升起敬畏之心。

玛丽亚继续说，"即使是宠物的凝视也可以是自然的回答。"

卡米拉不理解地问："玛丽亚女士，那是什么意思？"

"你看，回答很模糊，卡米拉，"玛丽亚回答说，"有时答案会马上给出，而有时则需要时间，甚至需要几年。它们也会以不同的方式出现。

"也许能听到他的声音，但有时他会通过一个想法、一个信号或一个景象来传递给我们。有时别人会告诉我们一些事情，会给我们答案。重要的是他知道如何让我们每一个人得到答案。所以他的信息总是独一无二的。因此，我们时刻留心他的回答很重要。"

"多么美妙，玛丽亚，我意识到我们所需要的一切都在我们内心并与他同在。"玛丽亚回答说："是的，卡米拉。"

"有一天，欧玛库阿含着泪水告诉我，上天对我们唯一的要求就是说'对不起'并照顾好我们自己。他刚刚收到信息，对此他非常兴奋。这个太简单以至于很多人都不相信；当我们好了，我们周围的人都会好起来。想象一下，如果数百万人都有这种意识，这个世界会是什么样子。那将是天堂！这就是为什么我们深爱的马鲁西亚市对那些不懂这一点的人来说是如此的神秘。

"这种意识创造了一种强烈的能量爆发，触动了他们每个人的心，他们默默地交换着目光。在这片地球天堂里，朋友们之间分享了辉煌的时刻。"

凯开始在客厅里狂吠，好像意识到现在轮到它受注意了……

第十八章

没有什么可担心的

不用担心，你永不孤单。

今天是马鲁西亚年轻导游一年中最值得期待的日子之一。这是一个伟大的节日，标志着旅游季节的结束。巨大的户外派对在海湾周围举行，以各种游戏和音乐团体为特色，以海滩上的篝火结束。这个庆祝活动是专门为那些一年来辛勤工作的孩子们和支持他们的成人志愿者们而举行的。

戴上他们的导游帽，喜出望外的孩子们享受着各种表演和美味的冰淇淋、果汁和糖果。对他们来说，这是一个充满欣赏和感激的日子。孩子们对他们所做的工作感到满足；他们不仅与游客分享了马鲁西亚的美丽，而且帮助他们了解荷欧波诺波诺这一古老艺术。这个祖传的工具，负责这个和平城市被幸福包裹着。

尤尼希皮里被认为是马鲁西亚导游中最有声望的孩子。他被选中在庆祝活动移到海滩篝火前说几句话来结束仪式。在舞台上，尤尼希皮里用坚定而自信的声音对着麦克风大声讲话。

"大家好，我的朋友们，"他开始说，"我要感谢今年遇到的游客们，虽然他们没有出席，因为他们给了我擦去记忆的所有机会。我也要感谢我的导游同伴、我的妈妈，尤其是欧玛库阿大师，他一年四季都以他的建议指导着我们。我们都很幸运能住在这里。我们感谢你，马鲁西亚，我们爱你！"

在观众席上，玛丽亚一边欣赏刚刚开始照亮天空的烟火，一边自豪地为儿子鼓掌。仪式结束了，现在是时候去海滩了。在凯尼和玛莱卡的陪同下，玛丽亚走向篝火现场，与孩子们聚会。

在海滩上，孩子们围坐在一个巨大的金字塔周围，金字塔由不同大小的树枝和树干建成。一圈石头围住了火，以防孩子们靠得太近。过一会儿，卡纳尼的父亲洛帕卡就会点燃篝火。

秋天的夜晚有些凉，每个人都穿着外套和暖和的衣服。孩子们紧紧地挤在一起，兴奋地期待着即将发生的一切。最后，明亮的橙色火焰升起。卡纳尼和母亲坐在玛丽亚、尤尼希皮里和卡米拉身边，享受着炉火的温暖，这样抵消了夜晚的清凉。

"让我们一起烤些棉花糖吧，"玛丽亚边说边伸手去拿包。兴奋的孩子们齐声喊道："耶！"

一些志愿者开始分发长棍，在它们的尖端贴上甜蜜的蓬松的小云。孩子们轮流烤棉花糖。

在大家都很兴奋时，玛丽亚注意到卡维卡，一个最近与他的家人一起搬到马鲁西亚的小男孩，他比较安静和孤僻。为了让他开心起来，她决定以特别的敬意来把他推荐给大家认识。

玛丽亚直接把关注投向卡维卡："我们应该来认识一下我

们最新的导游卡维卡，感谢他的参与和学习的愿望。卡维卡，你想和我们分享点什么吗？"

"我想改天再分享，但还是要谢谢你，"卡维卡回答说。

母亲凯安娜小心翼翼地在玛丽亚耳边小声说："他害怕黑暗，因为他说鬼魂会出来。我希望我能学会如何帮助他克服这种恐惧。谢天谢地，我们来到了马鲁西亚，正在通过荷欧波诺波诺学习很多东西。"

玛丽亚微笑地轻扶着凯安娜的背，然后转向正在喧闹着的孩子们。

"注意了，注意了，我的孩子们，"玛丽亚大声宣布，"我想利用这次聚会的机会，跟你们谈谈你们中有些人经历过，但其他人可能没有经历过的事情。你们中的许多人都有隐形的朋友，你可以和他们聊天和玩耍。也就是说，尽管如此，我想要提醒你们，也有一些消极负面的能量会试图对我们友好，因为它们不希望我们快乐。你们中有人发生过这种事吗？"

有一个响亮的合声"是的！"紧接着是一阵笑声。玛丽亚接着说，"没什么好担心的，因为你们都知道上苍保护我们，一天 24 小时，一周 7 天，对吧？所以，当你感受到这些不好的能量或身体时，记住你有上苍的保护，帮助你把它们送到光中。让我看看，谁能告诉我什么是上苍的保护？"

孩子们齐声喊道："谢谢你，我爱你，谢谢你，我爱你，谢谢你，我爱你。"

"太棒了！"玛丽亚鼓励道。玛丽亚看着卡维卡，看看他的反应。他的表情变了，微笑着，享受着这个特殊群体的情谊。

"从现在起，你们对这些问题不会有任何问题，"玛丽亚重申道，"永远记住，当我们重复'谢谢你，我爱你'时，我们是在让上苍照顾我们，帮助我们处理那些能量。他帮助我们把它们带到光中，这样它们就会消失。"

卡维卡准备好为讨论做贡献，举起手来。玛丽亚要求大家安静地听卡维卡接下来要说的话。

卡维卡站起来让别人都能听见，他说："现在我想分享一些东西。我只想说，我很高兴住在马鲁西亚。我和我的家人从来没有这么幸福过。谢谢你们！"

所有人都为卡维卡鼓掌。孩子们为支持这位新导游而格外大声欢呼。卡维卡的母亲站在玛丽亚旁边，转过身来，微笑着。然后凯安娜招手叫玛丽亚走近一点。"我不知道该怎么感谢你，玛丽亚，"凯安娜说，"我对你的智慧感到惊奇。"

"这是欧玛库阿大师的教导，而他又从他的导师莫娜那里学习，"玛丽亚回答说，"你知道吗，有一次他告诉我，和莫娜一起坐火车旅行了10个小时，莫娜一句话也没说。你知道为什么吗？她全神贯注于那些来请她把它们送到光中的东西；她有一种天赋，使她能够看到和听到它们。莫娜一声不响了10

个小时，一直清理，把它们送到光里。"

　　篝火的火焰继续轻轻地飘动，动作和谐，仿佛在排练舞蹈。孩子们都着迷地看着，他们的眼睛被金光照亮。黑夜抚摩着他们，所有人在那个时刻都得到了上天的呵护。

第十九章

感谢看似无生命的东西

你在这里看到的一切都有生命。

风景优美的马鲁西亚山谷以郁郁葱葱的美丽呈现在当地幸福快乐的人们眼前。这座风景如画的天堂四面环山、依山傍海，为人们提供了许多欣赏其壮丽景色的路径。尤尼希皮里醒得很早，在阳光透过卧室的窗户照进来之前就醒了。那天他要和朋友卡纳尼一起旅行，兴奋得无法再睡了。这是一个美丽的春天的星期天，尤尼希皮里已经准备好开始新的一天。他决定起床找点吃的。听到他在冰箱里翻来翻去，玛丽亚很惊讶，从卧室里传出来声音："我想厨房里有只老鼠！"

尤尼希皮里关上冰箱门，跑向她的卧室。他们互致早安。"儿子，我爱你，"玛丽亚说，"谢谢你出现在我的生活中。""我也爱您，我美丽的母亲。"尤尼希皮里回答说。玛丽亚说："看出来了，你今天要做的冒险让你很激动，早早就起床了。"

"这样更容易些，现在我可以花时间慢慢地做早餐了，玛莱卡来接你的时候，你就会准备好了。"

从上个星期开始，玛莱卡就开始计划着带着卡纳尼和尤尼希皮里出门去湖上游玩。她设法从大学里借了一条船，以前她常用来练习划桨。教练考虑到她是队里最好的，同意了她的要求。她还邀请了她的朋友凯尼，他同意帮助她操控小船。凯尼还计划借此机会为自己拍摄一段新视频。

玛莱卡像往常一样准时出现在玛丽亚家。朋友们在门廊前拥抱，尤尼希皮里跑出车门，拥抱着和玛丽亚告别，然后和卡纳尼一起上车。一见到他的朋友，卡纳尼向他挥手致意。

"玛丽亚，当我回来的时候，我想告诉你我听到的声音和我这个星期的经历，"玛莱卡对玛丽亚说，"他们不再神秘了。当我非常注意的时候，我可以完全理解他们的信息。"

"真是太棒了，玛莱卡，"玛丽亚回答说，"确定的，这意味着你已经释放了成为与众不同的恐惧。"

"是的，玛丽亚，"玛莱卡回答，"就是这样。我也开始听到某些物体在跟我说话。但我不明白它们在告诉我什么。我仍然不确定这些会说话的东西是否只是我的想象。"

"耐心点，我的朋友，"玛丽亚说，"一切都来得正是时候。记住，无生命的东西和人们一样喜欢被欣赏和感谢。"

"你的小贴士总是这么有帮助。我们现在应该上路了。我们会早点回来，就在公园吃过午饭。再见，回头见。"

再也掩饰不住自己的兴奋，卡纳尼和尤尼希皮里打算更多地了解他们的冒险经历。于是，去湖泊的旅程开始了，两个男孩好奇地提了许多问题："我们要穿救生衣吗？"尤尼希皮里问道。"当然，"玛莱卡回答，"虽然我们将在湖的最浅部分，但救生衣是强制性的。"

卡纳尼热情地问:"真的有大鱼吗?"

"是的,卡纳尼,那里有大白鲨,"凯尼开玩笑。每个人都开心地大笑,当他们到达码头时,玛莱卡在那里接船。孩子们立刻向湖边跑去,而凯尼帮助玛莱卡准备船。就在他们离开码头时,玛莱卡感到耳朵一阵震动,然后清楚地听到一个声音。

"你没有注意我告诉你的话,"那个声音说。她看着凯尼,他对她刚才听到的话一无所知,所以她决定什么也不说。然而,玛莱卡又听到了同样的声音,更加清晰,这次她意识到那声音来自船。那个声音变得更大了,说:"你知道吗?如果我愿意的话,我可以在湖中间把自己弄碎,把你们留在水里。"

玛莱卡立刻意识到她需要回应。她忘了感谢那艘船,她知道她必须弥补。"不,请不要这样做,"她大声喊道。然后她发自内心地说:"我非常感谢你今天为我们所做的一切,我非常感谢你让我们划船。谢谢你照顾我们。我真的为此很感激你。"

凯尼听到她说的话,笑了,不知道她是在回应船本身。玛莱卡回忆起玛丽亚的话,转向凯尼说:"我意识到我没有感谢这艘船。我再也不会忘记这样做了。"

于是他们开始了期待已久的乘船旅行。玛莱卡深吸了一口气,当她呼气的时候,看到岸边有一个大牌子,上面写着马鲁西亚的一句名言:你在这里看到的一切都有生命。

你在这里看到的一切都有生命。

第二十章

想象中的朋友

当你请求帮助时，帮助总是会来。

持续的降雨落在马鲁西亚，当地人认为这是对所有人的祝福。他们知道，城市里茂盛的植被感谢来自天空的每一滴水，江河湖泊欢腾，农民们庆祝不再干旱。

凝视着书房的窗外，玛丽亚从她观察到的场景中找到了灵感：树木随着雨的节奏翩翩起舞，仿佛是由强风编舞的。玛丽亚开始把自己的想法整理成文字输入到电脑里，这将成为她下一本短篇小说集的内容。这是一个完美的写作的下午，即使窗外是狂风暴雨，她也觉得自己仿佛可以触摸到书房里宁静的气息。

她儿子尤尼希皮里在房间里有些心烦意乱。他坐在地板上，在书、画和玩具之间，试图修理他的小电动火车的一条破损的铁轨。

"嘿，你不会让我没有办法让这列火车开动吧。所以，请帮帮我。我需要把这个零件放回原处。"尤尼希皮里恳求着火车轨道。

当他终于修好了火车，他对火车表达了感谢。突然，他转过头，朝房间的一角望去，他觉得好像有人在监视他，就像玛丽亚教给他的，他开始在脑海里重复说"谢谢你，我爱你"。尤尼希皮里知道，重复这些话，它就会消失，尤其是当它有负能量的时候。如果没有，它可能会继续存在。他漫不经心地把火车放到轨道上，打开看看它能不能转一圈，结果可以的。

这让尤尼希皮里很高兴，因为他现在可以把他的火车给他的朋友卡纳尼和卡维卡看。卡维卡是最近搬到马鲁西亚的新朋友。卡纳尼和卡维卡在去尤尼希皮里家的路上。孩子们要过来玩玩，卡维卡的妈妈凯安娜会送他们过来。

"看看那些弯道是怎么回事，"尤尼希皮里大声说，"看上去好像要出轨了，但它会自己拉直，继续绕着铁轨走。那怎么么样？"

这个男孩全神贯注地玩着这个有趣的装置，热情地继续着似乎是在和一个玩伴聊天。

"如果你碰一下这里，它就立刻停下来，"尤尼希皮里说，"它非常敏感，所以就让它顺其自然吧。哇，你看到灯是怎么亮的了吗？"

听到门铃响了，他从地上爬起来，跑到卧室门口。他停了一下，转过身，回头看了看房间。"我会和我的朋友卡纳尼和卡维卡一起回来的，"尤尼希皮里说。

他打开前门和朋友们打招呼。玛丽亚从书房出来打招呼，请凯安娜留下来喝茶。孩子们跟着尤尼希皮里进了他的卧室，而女人们则走向厨房。"你的家太舒适了,玛丽亚,"凯安娜说。

"谢谢你,凯安娜,"玛丽亚回答,"我只拥有我需要的。每件东西我都带着爱买来的。我欢迎它们来到我家,我感谢它们,尊重它们。"

"多美啊,"凯安娜回答说,"我要开始对我的东西做同样的事情。我还有很多东西要学。"

自从搬到马鲁西亚后,凯安娜在荷欧波诺波诺的技术上取得了长足的进步。她经常练习,而且非常专心地学习。玛丽亚非常感激凯安娜渴望学习和发展她对古老夏威夷艺术的理解。凯安娜意识到,荷欧波诺波诺为她新获得的幸福负责,也要为马鲁西亚的所有幸福负责。

"你必须对自己有耐心,"玛丽亚指导凯安娜,"记住,一切都会在对的时间到来。你做得很好,你释放了很多记忆,如果你一直敞开心扉接受新事物,你会看到越来越多的奇迹发生。每次我们谈话,我都能看到你脸上越来越多的幸福感。"

"是的,玛丽亚,我很高兴,尤其是卡维卡,因为他有了巨大的转变。自从你在海滩上和他交谈后,他就不再害怕黑暗了。"

"孩子们学得很快,因为他们内心仍然有着那种本能的智慧,"玛丽亚说,"只要你好了,他就会好的。"

玛丽亚和凯安娜正在喝茶,孩子们走进厨房找一些喝的。尤尼希皮里接受了为朋友们提供柠檬水的任务,然后问他们是否愿意吃一些他最喜欢的饼干。

玛丽亚微笑着问："你们玩得开心吗？"

"非常有趣，妈妈，"尤尼希皮里回答说，"他们几乎遇见了我想象中的朋友。"凯安娜好奇地问道："你想象中的朋友？""是的，我总是和他一起玩，"尤尼希皮里实事求是地说，"我可以时不时地见到他。就像今天，我和他一起玩，但你们到了他就走了。"

"有些东西我们看不见也听不见，但这并不意味着它们不存在，"玛丽亚插嘴说，"所以我们应该对未知的事物敞开心扉。我记得我的导师欧玛库阿曾经告诉我一件事，这最终打开了我的心扉。"

"请快告诉我，快说！我超级喜欢欧玛库阿的故事，"尤尼希皮里喊道。

"好吧，那就安静地坐下来听吧，"玛丽亚开始讲故事。"有一次欧玛库阿去另一个城镇开了一个研讨会。当他讲完后，被带到一个可以睡觉的房间，里面有一个图书馆。他整晚都睡不着觉，因为他能听到作者们在讨论他们的故事。第二天他筋疲力尽了，因为他们不停地说话。"

玛丽亚看着孩子们问道："你们觉得怎么样？"

"哇！我想听见我的书说话，"卡维卡回答。

"是的，那太好了，"尤尼希皮里热情地说，"想象一下阿里巴巴的 40 个小偷的作者会怎么说。他写了我最喜欢的关于海盗的书。"

"谢谢分享,"卡纳尼说,"多好的故事,玛丽亚女士!"

在一起的时光很快乐,孩子们又回到尤尼希皮里的房间继续玩耍。玛丽亚和凯安娜移步到客厅坐在更舒适的椅子上,她们看着雨从巨大的橱窗上流下,两人默默地观察着雨滴滋润下的和谐景色,并在那一刻因领悟和宁静而心生喜悦和满足。

第二十一章

住在树上的精灵们

平静从我开始。

　　玛丽亚和尤尼希皮里今天早上漫步在美丽的马鲁西亚植物园，真是令所有感官愉悦。一个接一个地欣赏着每一种植物，被它们完美的形态和各种各样的颜色迷住了。空气中弥漫着诱人的芳香。

　　母子俩喜欢看那些在这个自然保护区受到保护的外来植物和濒临灭绝的物种。

　　他们感谢它们的美丽，也感谢那些以如此温柔、慈爱的方式呵护和保存它们的人们。

　　穿过花园的一大片区域，玛丽亚靠在一棵宽阔的树干上，让尤尼希皮里和她坐在一起聊天。

　　然后，玛丽亚问道："你知道当地人为了开悟而去森林旅行吗？"

　　"森林是如何启发他们的？"尤尼希皮里问道。"我只知道他们拥抱树木，"玛丽亚回答说，"也许这是吸收大自然智慧的一种方式。"

　　尤尼希皮里站起身来，走到一棵大树前，紧紧地搂着大树。

尤尼希皮里抱着树说："谢谢你，树，我爱你！"

被这一刻感动了，玛丽亚说，"大师欧玛库阿告诉我，树就像电梯一样，直接把我们引向宇宙，通向内在。所以，他总是拥抱它们。让我们每天练习一下！你觉得呢？"

尤尼希皮里不再抱着树，说："是的，妈妈！我喜欢它们就像通往天堂的电梯。我相信它们也喜欢接受爱。"

"每个人和每件事都喜欢接受爱，"玛丽亚回答说，"来吧，我的小抱树者，好让我给你一个比你刚才给那棵树更强有力的拥抱。"

他们顽皮地拥抱着，继续向前走，走出魔法花园。一路上，玛丽亚想起了欧玛库阿的导师莫娜女士，她有能力和植物、和花朵交谈。

"想到所有这些植物都在和我们交流，"玛丽亚惊叹道，"但是，我们必须抹去许多记忆，停止我们的思绪，这样我们才能听到它们。莫娜可以做到，并向我们保证我们都能做到。她会带着问题走进树林，说'我有个病人'，然后她描述了这种疾病。然后她就会看到一些植物是如何举起手来说：'我可以帮你的。'这是不是太奇妙了啊？"

"我很想见到那位女士，"尤尼希皮里回答说，"但谢天谢地，我们认识欧玛库阿！"

玛丽亚微笑着，两人都上了车去玛莱卡的家，尤尼希皮里将在那里和他的朋友卡纳尼共度下午。

当他们到达玛莱卡家的时候，孩子们跑去玩了，玛莱卡出来见玛丽亚，看起来她很担心。玛丽亚马上问道："你怎么了，玛莱卡？"

"整个上午我都听到花园的窗户发出声音，好像在震动，"玛莱卡回答说，"我问卡纳尼，他说他什么也听不见。来看看你有没有听到什么。"

玛莱卡领着玛丽亚来到花园，当她们走近时，停下来静静地听着。

"我什么也听不见，"玛丽亚对她的朋友说。"显然，这是你正在发展的一种能力。还记得欧玛库阿给你的建议吗？你必须释放你的恐惧。"

"噪声折磨着我，"玛莱卡喊道，"我能听到声音越来越大。我不明白窗户在告诉我什么。"

"我现在要去欧玛库阿家拿些书，"玛丽亚回答说，"我会告诉他发生了什么，看他有些什么见解。我会给你打电话的。"

"谢谢你，玛丽亚，"玛莱卡回答，"那太好了。"

一到导师的家里，玛丽亚就告诉他关于她的朋友玛莱卡的情况。大师要求几分钟的时间来冥想，就像智慧的祖父一样总是用这种方式获得答案。

"我可以看到一些树被砍掉了，"欧玛库阿告诉玛丽亚，"打电话给你的朋友，这样我可以跟她说。"

玛丽亚立刻打电话给玛莱卡，让欧玛库阿接起电话跟她说。

智慧的祖父问："你在花园里砍树了吗？"

"是的，今天一早，我父亲砍了两棵，"玛莱卡回答说。

"你听到窗户上的声音，是精灵从外面撞击玻璃的声音，"欧玛库阿告诉她，"它们都非常生气，因为你在砍树，现在它们将无家可归。那是它们住的地方，所以它们抗议你对它们的家所做的一切。"

"对不起！我会向它们道歉，即使我看不见它们，我一直想和它们交流。"

"精灵们只是想玩，虽然它们也可以很顽皮，"欧玛库阿笑着说。

"有时候它们会把东西藏起来，这样你就找不到了，它们这样以示抗议。它们喜欢它们自由的生活的环境，因此，每当我们要改变自然界中的任何东西，一朵花、一株植物或一棵树时，我们都必须征得它们的同意。否则，精灵们就会生我们的气的。"

"谢谢你，我爱你，欧玛库阿，"玛莱卡回答道。

"现在去做做你的家庭作业吧，"欧玛库阿说，"同时，继续调整你的视力和听觉，尤其是与精灵之间的关系。"

欧玛库阿结束了谈话，然后拉着玛丽亚的手，把她领进了花园。

他让她和他一起坐在他平时冥想的木凳上。

　　智者闭上眼睛，深深地吸了一口气。在那一刻，玛丽亚明白，他已经承担了发生在精灵身上的责任，现在正在做他的清理。

　　她默默地看着他，全神贯注于这个奇妙的人与周围自然环境的完美和谐。很快，精灵们就要庆祝了。

第二十二章

永远相信你的内心

心永远不会对我们撒谎。

马鲁西亚是一个充满庆祝的城市。有许许多多的祝福，以至于在这美丽的山谷里的当地人每天都为之欢欣鼓舞，因为每天都是感恩的理由。这是一个所有成就和所有快乐事件都值得庆祝的地方。

这里也是一个为年轻人和老年人设计的城市。玛莱卡的父母罗帕卡和艾琳娜在设计马鲁西亚最受欢迎的咖啡馆时，就把这一点牢记在心。

事实上，它变得如此流行，以至于现在整个城市都布满了分店。它不仅以其舒适的氛围和美味的食物而闻名，还因为它对儿童的特别关注而闻名，有专门的区域供小朋友食客和专门的工作人员照顾他们。这家咖啡馆是尤尼希皮里、卡纳尼和卡米拉最爱的餐厅。

那三个孩子坐在儿童区专注于一个棋盘游戏，等待汉堡的到来。

在成人区，玛丽亚和玛莱卡、凯尼和阿里卡坐在一起。这四位朋友聚集在一起庆祝凯尼的视频在互联网上的点击率已经达到 100 万次。

"我心里一直都知道视频频道会很成功，"年轻的凯尼满意地说道。

"凯尼，你对你想要的东西很有把握，你信任它，"阿里卡回答他，"这是你成功的主要原因。"

"我要告诉您，爸爸，"凯尼回答说，"我真的只是以您为榜样，我意识到做您热爱和信任的事情的重要性。"

"您是激发我创造力的人，"凯尼微笑着挽着父亲阿里卡的肩膀。

玛丽亚和玛莱卡微笑着看着父子间真挚的爱和友情。

"我有一个原则，我尽量不打破，我总是相信我的心，"玛丽亚说。

"这也是我从小就灌输给尤尼希皮里的。心永远不会对我们撒谎。"

"这是我每天面临的挑战；无视我的思想，听从我内心的智慧。"玛莱卡补充道。

"看看那边的孩子们，"玛丽亚指着说，"他们既聪明又天真。我们成年后不应该失去我们的纯真。如果丢失了，我们可以用荷欧波诺波诺的练习把它找回来。"

服务员端着他们点的食物来了，礼貌地把盘子放在桌子上。

在他们开始吃东西之前，每个人都看了看玛丽亚，她立刻收到了信号。

玛丽亚用柔和的声音祷告道："我们对这些摆在我们面前

的我们所拥有的食物表达感谢和爱，这样，我们就会把那些正确的、完美的东西放进它们里面。感谢让我们和朋友分享这美好的时刻。"

四个人一边津津有味地吃着饭，一边愉快地聊天。当甜点上来的时候，尤尼希皮里走到桌子前问他妈妈一个问题："妈妈，请您到我们的桌子前来几分钟好吗？我想让您给我的朋友们讲欧玛库阿和洗衣机的故事。"尤尼希皮里恳求道。

"你吃完了吗？"玛丽亚问道。

"除了甜点其他都吃完了，"尤尼希皮里回答说。

"好吧，那你们为什么不过来和我们一起吃甜点呢？"玛丽亚建议，"那样每个人都能听到这个故事。你觉得怎样？"

作为回应，尤尼希皮里跑去找他的朋友。

凯尼要求大家多搬几把椅子来，这样孩子们就可以围着桌子坐了。

玛丽亚说："这是我最喜欢的欧玛库阿的故事之一。也许是因为它发生在我家里。

"事实上，这是很多年前导师第一次来看我，我感到很荣幸他能来我家。但事实是，我觉得有点紧张，因为我不知道应该怎么接待他。我欢迎他，他要我带他参观我家，我带他看所有的一切。当我们到达洗衣区时，他突然在洗衣机前停了下来，接着欧玛库阿对机器说：'是的，是我。'"

卡米拉打断她，"他在跟洗衣机说话吗？"

"我问了同样的问题，他说是的，"玛丽亚接着说，"然后他解释说，当他进入洗衣区时，他听到洗衣机问：'你是荷欧波诺波诺的那个家伙吗？'这意味着它知道荷欧波诺波诺的人来了。你知不知道，我们认为没有生命的一切，其实都在看着我们，在听我们说话。"

"同时，他们也在和我们说话，"玛莱卡说，"但是我们忙于思考，以至于我们从来听不到它们。我可以向你保证这是真的。

"事实上，我一直在犹豫要不要说，直到现在，我也有我自己的洗衣机故事！"

卡纳尼热情地回答说："告诉我们！"

"听我说，"玛莱卡接着说。

"我洗衣服的时候总是往洗衣机里加一点太阳水。几天前，我把水倒进去后，洗衣机对我说，不要吝啬，多放一点太阳水，声音非常清晰。然而，我犹豫了。我竖起耳朵，又听到'今天你不够慷慨，多放点'，你怎么想？"

"我想，简直太棒了，玛莱卡！我很高兴你在进步。"玛丽亚兴奋地说。

"我只是敞开心扉，让一切顺其自然。"玛莱卡说，"这是欧玛库阿告诉我要做的。"

饭后愉快的谈话还在继续着，特别的感觉在桌子上蔓延开来。

这些故事很快就传遍了整个城市，吸引了当地人和游客。

毫无疑问，马鲁西亚的座右铭是："你在这里看到的一切都有生命。"存在于我们周围的每一个人和所有事物中。

"我有一个我选择不去打破的基本规则：我总是相信我的内心。"

第二十三章

与内心交谈就像你和你最好的朋友交谈一样

幸福就在我们的内心。

在马鲁西亚，圣诞节对所有的人来说都是一次迷人的经历，包括数以百计的游客，他们欣赏街道和房屋富有想象力的装饰和美丽的灯光。整个城市灯火通明，装饰华丽，大家都在庆祝节日。中央广场矗立着雄伟的圣诞树，用明亮的灯光和五颜六色的装饰品装饰得很漂亮。今天，广场举办了许多活动。有一个溜冰场挤满了年轻的滑冰运动员。一个音乐团体表演着这个季节的歌曲。在这棵雄伟的树的一侧，传统的马鲁西亚圣诞老人迎接并拥抱着这些小家伙们。每一个成年人都充满了这个季节的欢乐，与他或她的内在小孩非常和谐。

兴奋的孩子们在一个装满当地人捐赠的礼物的巨大盒子旁等待着轮到自己。每个孩子都有机会选择最能打动他们的礼物。这里没有抽奖或竞赛；每个孩子都会通过与盒子交谈来选择属于自己的包装精美的礼物，并请求允许他们拿走最适合他们的礼物。光是听孩子们对盒子的请求就非常吸引人。

"你好啊，我叫卡帕诺，我9岁了，我想选一个适合我的礼物。你能让我选吗？谢谢你，我爱你。"

"亲爱的盒子，我知道你在听我说话，"排队的下一个孩子说，"对这所有的礼物，我要说'谢谢你'。如果你允许，我就拿一个。谢谢你，我爱你。"

"我祝贺你，"另一个孩子说，"你为我们做了非常好的事。我请求允许我拿走我的礼物。谢谢你，我爱你。"

尤尼希皮里拿着他的礼物，一个拼图，站在卡纳尼旁边，他正等着轮到他。站在尤尼希皮里另一边的是一位游客，她的儿子陪着她。

"你好，年轻人，"那位妇女说，"你住在这里吗？"

"是的，夫人，"尤尼希皮里回答说。

"你对你的礼物一定很满意，"女人接着说。

"是的，我喜欢我的礼物，"尤尼希皮里回答，"但我也为其他事情而感到高兴。我妈妈教会我幸福就在我的内心，所以我每天都在那里寻找它。"

"你真让我吃惊，"女人说，"所以，如果说马鲁西亚的每个人都很快乐是真的话，那是因为内在的寻找吗？"

"是的，夫人，"尤尼希皮里骄傲地回答，"我们从很小的时候就开始练习荷欧波诺波诺。这是一种解决问题和与内在沟通的技巧。再过一小时，我们智慧的祖父欧玛库阿大师将与我们孩子们见面。就在这里，如果你感兴趣，可以带你的儿子来。大师要和我们分享他的一些故事。"

玛丽亚从那天清晨就和一群人待在广场上，他们正在装饰欧玛库阿大师与孩子们在一起的地方。他们搭起了一个巨大的封闭帐篷，在台前放了几把椅子，欧玛库阿会坐在那里。他们正在进行最后的调整，以便让尽可能多的孩子在这个特殊的时刻能够和伟大的导师在一起。

当智慧的祖父到了，一切都安排完美。玛丽亚热情地拥抱了他，然后把他领到舒适的椅子上，坐在那里和孩子们交谈。孩子们高兴地走进来，急切地想听听欧玛库阿讲些什么。家长们在外面等着，在一个大屏幕上观看会议。

大师以他一贯的谦虚态度欢迎他们，并感谢他们的光临。他立刻赞扬了圣诞节的庆祝活动，然后邀请孩子们分享他们在那一刻的感受。许多小手举起来。欧玛库阿指着一个小女孩，她跳了起来，很高兴被选为第一个。

"我叫霍库，今年 7 岁。我想问你件事。你真的可以和上天说话吗？"

"很好的问题，霍库，"欧玛库阿回答，"答案有两部分。第一部分是，是的，我当然可以和上天说话。第二部分是，你们都可以和他谈谈。请记住，上天也是我们内心的一部分：他知道一切，无条件地爱我们，每天 24 小时由我们支配。"

霍库聚精会神地听着，问道："那我该怎么做呢？"

"就像你在和你最好的朋友说话一样，"欧玛库阿回答说，"比如，你可以告诉他你发生了什么事，然后告诉他你会尽最大努力不去想太多或担心。记住，重复说'谢谢你，我爱你'，你就是在允许他照顾你和你的问题。你明白我的意思吗？"

"是的，大师，"霍库坚持说，"但我怎么知道他在告诉我什么？"欧玛库阿对小女孩说："相信发生的一切都会完美。"欧玛库阿告诉小女孩，"即使你听不到他告诉你的，他也知道你需要什么。所以只要相信他，并允许他做对你是正确的最完美的事。"

"好的，我理解了，谢谢你，我爱你，欧玛库阿。"霍库回答道。

"我也爱你，霍库，"欧玛库阿说，"别忘了，你越是重复'谢谢你，我爱你'，记忆就越被抹去。如果你坚持不懈地去做，它就会以不同的方式自动展现给你。"

欧玛库阿把注意力转向听众，问道："我能告诉你发生在我身上的事情吗？这和霍库的问题有很大关系。"

渴望学习的孩子们大声说："是的！"

"有一次，我在家里听到一种很奇怪的声音，我不知道是什么声音，"欧玛库阿继续说，"我决定静静地闭上眼睛，与上天沟通。这是我学到的方法，去得到他的答案。我闭着眼睛，可以看到他的形象：他坐在摇椅上。然后我问他：'你在干什么？'他回答说：'我在这里是因为没有人和我说话。人们喜欢和邻居或心理学家交谈，但没人和我说话。所以，我有很多时间来创造星系和其他东西。'你们怎么想？他正等着我们跟他说话。没有什么比我们与上天的对话更好的了。"

　　孩子们兴奋地为欧玛库阿的故事鼓掌。他继续与孩子们进行问答，孩子们都在努力成为下一个被选中的。他一如既往地和孩子们分享自己的一些人生故事，逗孩子们开心。在外面，一个游客看着屏幕轻拭着眼泪，她看到儿子举起手来。在这个特别的下午，一股爱和纯真的浪潮穿过马鲁西亚的中心广场。

第二十四章

当你求助时，它总是会出现

你幸福世界才会幸福。

马鲁西亚，美丽而宁静的山谷，那里所有的当地人都很快乐，周围有许多郁郁葱葱的自然美景。其中一条是伊希拉尼河，在流入大海之前它是最宽的。它沿着一条狭窄的土路在旁边流动，这条路也与山脉接壤。

那条狭窄、粗糙的土路使伊希拉尼河成为游客不希望去的地方，这是马鲁西亚当地人所感激的。该地区有丰富的动植物群，有些濒临灭绝。马鲁西亚人民意识到这一地区所需的护理，并采取严格的措施，避免水域的污染和环境的恶化。凯尼和阿里卡已经计划了一个星期的伊希拉尼河之行，并邀请了玛丽亚、玛莱卡、尤尼希皮里和卡纳尼加入他们。太阳升起时，大家都已坐进宽敞的面包车里，准备两个小时的行程。

从金河，正如人们通常所说的那样，他们继续到豪奥利阿里卡的旅馆。他们计划在返回马鲁西亚前一夜在那里过夜。整整一个星期，这两个孩子都热切地盼望着这次的远足，因为这是他们第一次去河边旅行。临走前，玛丽亚提醒他们："让我们感谢我们即将开始的旅程。谢谢你，我爱你。"

"玛丽亚女士，"卡纳尼问道，"你怎么总是记得要感恩？"

"卡纳尼，这都是由于多年的练习，"玛丽亚回答，"如果你经常练习，那时候就会变成一种习惯。另外，我总是意识到，因为我总是在心里说'谢谢你，我爱你'，我就在接受着对我来说是正确的事，因此，我周围的每个人也都会接受适合他们的东西。"

"小兄弟，"玛莱卡说，"这对我来说很简单，一旦我明白当我说'谢谢你，我爱你'的时候，我是在让上天来处理我的问题，这就像让他来管理那些问题。"

"简单地说，卡纳尼，就是这样，"玛丽亚补充道，"你必须永远把他放在第一位：在上学之前，在玩耍之前，在做作业之前，在吃饭之前，在旅行之前，就像我们刚才所做的那样。然后他在监视并给你的一切的完美。你练习得越多就越自然，就像呼吸一样。"

"我从来不会忘记，"尤尼希皮里说，"即使我困了或饿了。"

"说到饿，孩子们，"玛丽亚说，"我带来了三明治和果汁。谁想要一些？"

他们同时回答说："我！"

玛丽亚把三明治递给他们，他们继续他们的旅程。到达了湿泥土路最窄的部分，由于最近的降雨，这条路充满了泥泞。

阿里卡小心地开车，避开坑洼，突然停下了车。阿里卡警告道："看那个！"

透过前面的挡风玻璃，他们看到一只郊狼慢慢靠近汽车，停在他们面前，嚎叫着一动不动。几秒钟后，这只狼转身向山上走去，走进灌木丛，不见了。男孩们如此近距离接近野生动物简直惊呆了。尤尼希皮里大声喊道："哇！我从没这么近地看过郊狼！"

"它好像很生气，"卡纳尼说，"你看到它对我们吼叫了吗？"

"不一定是，卡纳尼，"凯尼补充道，"这是它的沟通方式。它可能是在警告其他的郊狼。"

在他们的冒险精神的鼓舞下，他们继续旅行，并欣赏覆盖在道路两旁的各种各样的植被。阳光照在树枝上，几只奇异的鸟从树枝上飞过。很快他们就来到一个可以到达水边的地方。

"玛丽亚女士，我想告诉你一件事，"卡纳尼承认说，"当郊狼开始嚎叫的时候，我非常害怕。但后来，我想起了你今天离开时告诉我的话。所以我开始重复：'谢谢你，我爱你。'我请求让狼离开，结果成功了！"

"卡纳尼，干得好，"玛丽亚鼓励地说，"记住，宇宙一天24小时都在你的支配之下。这让我想起了欧玛库阿的导师莫娜的故事。你们想听吗？"

"是的，"他们一起喊！

"这个故事很可爱，因为它是关于莫娜小时候的，"玛丽亚继续说，"当欧玛库阿告诉我这个故事时，我明白了，我们从出生之日起就与上天有着特殊的连结。原来小莫娜每次过马路都很害怕。但是，她有一个完美的配方来减轻她的恐惧。你们知道那是什么吗？"

"她一定是请了一个也在过马路的人来帮助她，"尤尼希皮里回答说。

"是的，孩子，她是在找人帮忙，"玛丽亚回答说，"莫娜看着一只巨手从天而降，陪她穿过马路。这难道不是不可想象的吗？""当然可以，"卡纳尼说，"想象一下，这只巨大的手从天而降来帮助她。听起来不可思议吧？"

"确实如此，"卡纳尼说，"想象一下这只大手从天而降来帮助她。"

"这个故事帮助我理解了，通过说'谢谢你，我爱你'，一只手会立刻来帮助我们，即使我们看不见它，"玛丽亚说，"这就像宇宙法则：当你请求帮助时，帮助总是会来。"

玛莱卡补充道："但这是真的，玛丽亚，我们必须相信，因为他的帮助会在我们最不期待的时候出现，或者来自一个我们最难想象的地方或一个人。"

"就是这样，玛莱卡，"玛丽亚叹了口气说，"奇妙的是，在我举办的一些研讨会上，一些孩子和成年人告诉我，他们也看到了从天上掉下来的手。"

他们把车停在一条小道上，开始走了一小段路，直接通向河边。他们被水晶般晶莹剔透的河水的宁静所震撼，石头和树叶赋予了它金色的色调。他们被河里轻柔的水流声和歌唱的鸟儿和谐的声音迷住了，彩色的蝴蝶在他们面前翩翩起舞，他们感受到在这个和平与爱的圣地里他们是受欢迎的。

第二十五章

力量就在我们的思想里

尊重万事万物的存在。

　　这是一个在阿洛希漫步的一个美丽的早晨。阿洛希是马鲁西亚周边的高山之一，它陡峭险峻，挑战着那些想登顶欣赏城市雄伟风景的人们。

　　尤尼希皮里和卡纳尼步履轻快，他们的脸颊因剧烈的攀爬而涨得通红，玛丽亚和玛莱卡则以自己的步调在后面不远处跟着。

　　他们来到山上的一块空地，那里摆放着乡村野餐桌和木凳，他们停下来休息。女士们从背包里拿出水和装有水果、坚果的小盒子；孩子们为他们的成就而感到兴奋，因为他们已经实现了他们的目标。

　　卡纳尼开心地喊道："我们做到了！我们做到了！我们从未登过这么高的山。"

　　"是的。但是我们还没有到达顶峰。"尤尼希皮里补充道。

　　"祝贺你们俩，"玛丽亚鼓励着说，"下次，也许你们能到达山顶。"

　　"也许，我们不知道。或许这不取决于我们。"卡纳尼说。

"当然可以，"玛丽亚回答说，"记住，我们的思想是非常强大的。你可以做你想做的事，因为你的力量就在你的所想、所信之中。

"而且，如果我们通过重复'谢谢你，我爱你'来抹去记忆，那么我们就可以专注于我们想要的，这样我们就没有什么可担心的了。"

……

孩子们惊奇地看着对方，继续享用着他们的零食。随后，他们就带着更充沛的精力和鼓励开始下山。玛丽亚和玛莱卡还是跟在孩子们后面，享受着漫步和周围美丽的风景。她们一到山脚，就计划着去凯安娜的花店接她的儿子卡维卡，卡维卡要和尤尼希皮里、卡纳尼一起去看电影。凯安娜在她们到的时候要开店营业的。

在开车去接卡维卡家的路上，玛丽亚继续她关于荷欧波诺波诺的讨论。

她喜欢和所有想听的人分享荷欧波诺波诺这一令人惊叹的艺术，尤其是新来马鲁西亚的人。

玛丽亚说道："说到思想的力量，凯安娜是一个很好的例子。一年多以前，她来到马鲁西亚时是一名会计。搬到这里不久，她决定离开自己原有的职业，于是开了一家花店。我记得当她做出这个决定时，我问她是否了解花，是否研究过插花。她的回答是，一点也不懂，而且她以前绝对没有开公司的经验。"

尤尼希皮里好奇地问："那她为什么要开花店？"

"她心里有种强烈的感觉，那是她应该做的，"玛丽亚回答说，"她只是依靠这个灵感，然后聚焦在她的思想上。"

"太棒了，她在短短六个月时间内就取得了如此成功。"玛莱卡钦佩地说。

他们到达花店，然后直接进去。

这是一个装饰得很有品位的小地方，鲜花占据了中央台阶的位置，并在商店周围布置得很漂亮。凯安娜和卡维卡用微笑和拥抱来欢迎他们。

"谢谢你们的到来，"凯安娜说，"卡维卡已经有点等不及了。"

"凯安娜，我每次来你的店里都发现布置得更漂亮了，"玛丽亚说，"我已经两个月没来这里了，这是多么令人愉快的变化。"

"谢谢你，玛丽亚。"凯安娜回答说，"这正是我要实现的目标。我今天很忙，正在筹备一个婚礼。看看我刚刚开始的安排。"

"我仍然无法解释你是如何在这么短的时间内取得如此卓越的成就的，"玛丽亚惊叹道，"这束花看起来很神奇。"

"我要坦白我的秘密，"凯安娜眨了眨眼说，"我只是听着花儿的声音，它们指引着我，是它们教会了我一切。当我做第一个安排时，我觉得我的手好像在独自移动，我只是被灵感带领着，因为我在听它们说话。它们告诉我哪些花要放在哪里，哪些花不要用，因为有些花感觉不到彼此的赞美。从那以后，我只听它们的，因为它们已经知道它们该去哪里了。"

"你知道如何开发上苍给你的天赋，"玛丽亚回答说，"你真是个绝妙的见证，凯安娜！"

"多亏了荷欧波诺波诺。我特别祝福，那一天我决定开始这个练习并相信上苍的计划，"凯安娜继续说，"一切都像魔法一样流动。想象一下，当我去市场买花的时候，我总是问它们哪一个想和我一起走。我好像能看到一些花举起手在等着我的挑选！"

"多么迷人啊，凯安娜，"玛丽亚回答说，"感谢你与我们分享你的经验。现在让我们拥抱一下吧，我们该说再见了！"

每个人都向凯安娜道别，然后她望着窗外，直到他们都安全地坐上车。

众人走后，她环顾四周，惊叹于商店里陈列的各种各样的美丽花朵。

凯安娜开始在心里重复着："谢谢花儿，我爱你们。"

然后，她着手摆弄之前的花，看着这些花是如何完美地、无与伦比地、和谐地混合在一起的，她开心地笑了……

学会倾听大自然的声音。

第二十六章

我们不仅仅是我们的身体。没有死亡……

庆祝生命

清理带我走向真正的自己。

在一个寒冷的早晨，美丽的马鲁西亚山谷上空，是一片蔚蓝的天空，树木和花儿闪着耀眼的光芒。从厨房的窗户望出去，玛丽亚感谢并庆祝这美好的一天。她刚给尤尼希皮里和他的朋友卡纳尼和卡维卡安顿好了早餐。男孩们盼望着他们这一天。今天早上，他们将参加一个由智慧的祖父欧玛库阿主持的特别演讲。下午，他们会去咖啡馆吃他们最喜欢的汉堡，然后去电影院看一部新的冒险电影。

"你们吃完早饭我们就走，"玛丽亚告诉他们，"别因为玩而分心，因为我们的时间刚刚够去欧玛库阿的家。"

"这是我第一次听他讲话，我非常高兴，玛丽亚女士，"卡维卡一边品尝食物一边评论道。

"我也有同感，卡维卡，"玛丽亚回答说，"在你这个年纪能和欧玛库阿在一起真是一件幸事。请密切注意，因为他说的每一句话都包含着奇妙的教诲。我总是拿着笔记本，把引起我注意的事情写下来，这样我就不会忘记了。"

不久，他们就来到了这位智者的家。他站在大客厅里，向孩子们打招呼。欧玛库阿邀请了二十多个马鲁西亚的儿童参加这次特别的聚会，他们都刚刚到达。玛丽亚站在导师的旁边迎接每个孩子。玛丽亚是欧玛库阿最喜爱的弟子，她的地位很高，她协助他召集了这次会议。她是唯一参会的母亲。孩子们都坐在欧玛库阿前面的地板上，他们听到玛丽亚敲响的铃声，知道是时候安静下来了。智慧的祖父首先向他们致意，并感谢他们所有人的光临。然后，他用柔和悦耳的声音，让他们仔细看看挂在墙上的一幅画，向他们介绍了当天的主题。这是尤尼希皮里几个月前送给他的画。欧玛库阿对孩子们说："他画的是他爸爸在天空中，背后有双翅，在小路上行走的美好形象。"

"这幅画是我非常喜欢的一个人画的并送给了我。"欧玛库阿告诉孩子们，"当他给我的时候，我告诉他，他学到了任何人都会学到的最困难和最重要的一课。这与我今天要谈的内容有关。因为当你明白我们不仅仅是我们的身体，你会很高兴知道所谓的死亡并不存在。我们都是宇宙的能量，我们都是永恒的爱，我们都是永不熄灭的神圣火花。唯一死去的只是我们的身体；我们的能量、我们的内在每天陪伴着我们，将永远存在。画那幅画的孩子就和你们在一起。他是一个快乐的男孩，他知道他父亲在路上，尽管他再也看不见他的身体。这里还有其他孩子可以分享这个话题的经验吗？"

几只小手举了起来，欧玛库阿指着一个小女孩，她站在那里热情地说着话，"我记得几年前，我淹死在妈妈的肚子里，不得不回去和小天使们住在一起。"那个女孩说，"后来我又回来了，这次我可以和妈妈住在这里。她喜欢我告诉她这些；她知道这是真的，因为她在我出生之前就失去了一个孩子。"

"我的孩子，这是个多么有趣的故事，"欧玛库阿回答说，"你能记得你来来去去的旅程，真是太好了。当然，你妈妈在那一刻学到了一些她需要知道的东西，也许这对她来说很伤心，但最终她得到了回报。因此，我们应该感谢一切，无论在我们身上发生什么：我们喜欢的或者不喜欢的。你会发现，当我们遇到问题时，当我们感恩，那么问题就会很快离开。"

欧玛库阿指着另一个举起手来的孩子，邀请他分享。男孩站起来有点紧张，但他用一个大嗓门说出了他所相信的。

"谢谢你，欧玛库阿，"男孩开始说，"我想告诉你一些我确信的事情，我们的宠物也会永生。"

"你怎么能确定，我亲爱的孩子？"尊敬的大师问道。

"我从小就知道了，"男孩说，"我们的狗本吉死后，我只知道它不会永远消失。我妈妈哭了很多次，但我确信本吉会回来的，所以我没有哭，我叫妈妈不要哭。欧玛库阿，本吉确实回来了。你看，有一天五只小狗出现在我们家门口。我看到他们，我知道其中一个是本吉。我告诉我妈妈，她会相信的，因为其中一只小狗要做本吉以前做的事，然后她心里知道它回来了。当她正在喝咖啡，一只小狗爬到她的杯子前想喝一口。这和本吉以前做的一模一样！在那一刻，我妈妈知道我们宠爱的小狗回来了。"

"多好的故事,"欧玛库阿说,"谢谢分享。我很高兴你能有感知地支持你妈妈渡过难关。很明显,宠物成为我们家庭的一部分,如果我们不记得那股推动我们的能量是永存的,我们将无法克服它们的离去所造成的影响。但现在我想和大家分享一件重要的事情:永远不要忘记,我们永远活着,在这里庆祝生命。所以现在,让我们休息一下,利用空闲的时间来欢庆这一刻。"

孩子们站起来,欢快的歌声开始响起。他们随着音乐的节奏跳舞,欢呼雀跃。

欧玛库阿和玛丽亚是快乐和幸福的,他们把祝福传递给这些小家伙们。他们都为爱与光的统一而深感欣喜。

作者简介：

[美] 玛贝尔·卡茨（Mabel Katz）

　　玛贝尔·卡茨女士是一位作家、公众演说家和国际知名的世界和平大使；同时也是零频率（Zero Frequency）的创始人，这是一种帮助儿童和青少年及其父母和老师的生活方式，通过找到他们内在的才能和天赋去找到和平与幸福。她被公认为荷欧波诺波诺的权威，荷欧波诺波诺是实现幸福、和平和富足的古老夏威夷艺术。玛贝尔在世界各地旅行，帮助无数人在他们的生活中找到更大的满足感和内心的平静。

　　她的零频率教导的核心在于她坚信百分百负责任、宽恕和感恩。她广受欢迎的研讨会和工作坊为孩子们和他们的看护人提供了实现零频率的实用方法，在这种状态下，我们将自己从限制性的记忆和有限的信仰中解放出来。

　　"如果我们要让孩子们为充满挑战的未来做好准备，"玛贝尔说，"我们必须首先教他们如何过上幸福、富有成效和充实的生活。我们必须向他们展示他们到底是谁。"

玛贝尔被授予 2012 年著名的米利尼奥斯·德帕兹和平旗帜，认可她的世界和平倡议，即内在和平就是世界和平，她被正式授予世界杰出和平大使的称号，并于 2015 年 1 月 1 日获得了享有盛誉的"公共和平奖"。她曾在全国参议员和其他有影响力的政府机构面前发表讲话，并发起了她的世界和平运动——"平静从我开始""内在和平就是世界和平"。玛贝尔曾写过几本书，已被翻译成二十多种语言。

当她不在世界各地举办工作坊时，玛贝尔将她独特的醒觉方式带给有特殊需要的儿童和几十家寻求通过更深层次的自我觉醒而达成最佳绩效的公司。

ZERO FREQUENCY

通向平静、幸福、丰盛的最简单的方式

巧合吗?

我想和你分享一些东西。在我们为这本书作插图的时候,我去墨西哥度假了。当我到马萨特兰时,去了一个城市旅游,在那里遇到了一个有三个孩子的家庭,我很惊讶,因为两个大一点的孩子和我书中的人物非常相似。我请求允许与他们合影,并给他们的母亲看这本书的图画,这样她就不会担心,也会理解我的意图是好的,主要是理解我这么惊讶的原因。

这里你们可以看到照片。你怎么认为?巧合?他们的名字是蒂凡尼·莱拉尼和欧内斯托·安东尼,他们住在加利福尼亚州。

——玛贝尔·卡茨

图书在版编目（CIP）数据

快乐城市 /（美）玛贝尔·卡茨著；吴依娜译 .—北京：中国青年出版社，2021.1（2023.3 重印）

ISBN 978-7-5153-6309-7

Ⅰ.①快… Ⅱ.①玛… ②吴… Ⅲ.①幸福 - 通俗读物 Ⅳ.① B82-49

中国版本图书馆 CIP 数据核字（2021）第 034844 号

著作权合同登记号：01-2021-1588

Maluhia,The Happy City

Copyright © 2017 by Mabel Katz.Illustrations © 2017 by Mabel Katz.

All rights reserved.

Chinese translation rights arranged with Your Business,Inc.

中文简体字版权 © 北京中青心文化传媒有限公司 2021

版权所有，翻印必究

快乐城市

作　　者：〔美〕玛贝尔·卡茨

译　　者：吴依娜

责任编辑：吕娜

书籍设计：瞿中华

出版发行：中国青年出版社

社　　址：北京市东城区东四十二条 21 号

网　　址：www.cyp.com.cn

经　　销：新华书店

印　　刷：三河市少明印务有限公司

规　　格：787mm × 1092mm 1/32

印　　张：7

字　　数：170 千字

版　　次：2021 年 5 月北京第 1 版

印　　次：2023 年 3 月河北第 3 次印刷

定　　价：69.00 元

如有印装质量问题，请凭购书发票与质检部联系调换

联系电话：010-65050585